软件测试

探索式测试的设计思路与实践

[美] 詹姆斯 · A.惠特克（James Whittaker）/ 著 陈霁 徐轩 / 译

清華大学出版社
北 京

内容简介

技术迭代加速的当下，软件测试成为质量保证必不可少的环节。本书深入探讨了软件质量的核心价值，从灵活的局部探索式测试到全面的全局探索式测试以及高效的混合探索式测试，作者精选了经过微软团队实证并经过时间检验的十多种方法与案例。此外，作为软件测试专家，作者还采用诙谐风趣的风格，针对如何规划和经营成功的职业生涯给出实用的建议，精选了多年来深受广大测试人员喜爱的精华文章合集。

本书特别针对测试人员、QA 专家、开发人员、团队、项目经理和架构师，可以帮助他们了解软件测试的全貌，具有较强的实用性和指导性，是一本难得的软件测试启蒙和进阶好书。

图书在版编目(CIP)数据

软件测试：探索式测试的设计思路与实践/(美)詹姆斯·A.惠特克(James Whittaker) 著；陈霁，徐轩译. —北京：清华大学出版社，2024.10

ISBN 978-7-302-64215-2

Ⅰ.①软… Ⅱ.①詹… ②陈… ③徐… Ⅲ.①软件—测试 Ⅳ.①TP311.55

中国国家版本馆CIP数据核字（2023）第135322号

责任编辑：文开琪
封面设计：李　坤
责任校对：方　圆
责任印制：宋　林
出版发行：清华大学出版社
网　　址：https://www.tup.com.cn，https://www.wqxuetang.com
地　　址：北京清华大学学研大厦A座　　邮　　编：100084
社 总 机：010-83470000　　邮　　购：010-62786544
投稿与读者服务：010-62776969，c-service@tup.tsinghua.edu.cn
质量反馈：010-62772015，zhiliang@tup.tsinghua.edu.cn
印 装 者：涿州汇美亿浓印刷有限公司
经　　销：全国新华书店
开　　本：160mm×230mm　　印　　张：19.25　　字　　数：323千字
版　　次：2024年12月第1版　　印　　次：2024年12月第1次印刷
定　　价：99.00元

产品编号：099239-01

专家书评

本书融合作者的创意与智慧，令人难以忘怀，体现了惠特克对软件工程测试领域的卓越贡献。通过本书，他向我们展示了如何激发工程师们从多角度审视和思考测试工作。

——帕特里克·科普兰（Patrick Copeland），谷歌测试总监

詹姆斯对原有的手工测试方法进行了迭代和精进。他的漫游测试理念取得了显著的成效，我们已经开始在内部培训中传授。在新的时代，如果要提升手工测试，此书不可不读。

——阿兰·佩奇（Alan Page），微软测试专家兼总监

1990 年，我与詹姆斯在 IBM 共事，他经常鼓励测试人员打破思维定式。如今，他将对软件质量的热情提升至新的高度，此书能帮助测试人员成为更开心、更有创意、更出色的人。詹姆斯真的很了不起，此书值得所有关心软件质量或寻求工作乐趣的测试人员和开发人员认真读一读。

——喀沙尔·K. 阿格诺瓦（Kaushal K. Agrawal），思科高级工程总监

詹姆斯·惠特克是测试行业中真正有远见的人。全球质量保证专业人士社区以及 uTest 经常向詹姆斯寻求灵感。他总是能提供对行业趋势的深刻见解，以及对测试的全面看法。现在，他终于把这些见解和知识写下来分享给其他人，我们的行业因此将变得更加智慧。

——达伦·鲁韦尼（Doron Reuveni），uTest 社区 CEO 及联合创始人

只有像詹姆斯·惠特克这样富有远见的人才会想到以如此新颖的方式融合旅游的概念与软件测试，而且，也只有他取得了成功。用旅游的方式作为测试的隐喻，提供了一个既令人难忘又极其有效的思考模型，此模型包含恰当的结构和探索及创造的空间。各种各样的软件缺陷要小心了，因为詹姆斯·惠特克的模型将极大提高软件测试的效率，是不会轻易放过缺陷的。

——阿尔贝托·萨沃亚（Alberto Savoia），谷歌

詹姆斯具有很强的表达和引导能力，是软件测试领域杰出的讲师，读他的书，如同听他将他所掌握的测试智慧娓娓道来。如果想要拓展测试知识，提升测试技能，千万不要错过这本书。

——斯图尔特·诺克斯（Stewart Noakes），TCL 集团总裁兼联合创始人

虽然我从事探索式测试已经有一段时间，但詹姆斯的漫游测试让我转念，为我的工作带来了新的定义，为我提供了关键的以及更为重要的实际指导。这本书有望帮助我简化探索式测试的教学实施过程。

——罗伯·兰伯特（Rob Lambert），iMeta 科技高级测试顾问

詹姆斯这本书令我兴奋不已，其文风稳健而新颖，即便是普通人也能理解和运用。阅读此书，无需深究先贤圣人的高论，也不必频繁查阅字典。我打心眼儿里认为，这是我们期待已久的书，在我们这个领域具有革命性的意义。

——琳达·威尔金森（Linda Wilkinson），NetJets 公司质量经理

译者序

> 有些人的工作是为了生存，有些人则追求精益求精，致力于把工作做得更好。
>
> ——云层

翻译工作从开始到完成历时近 4 个月，多人协作、分块评审以及概念名词的统一都带来了新的挑战。然而，在整本书即将完成的时刻，我最深的感受是测试的价值变得更加清晰。原来，测试领域的前辈们早在 1983 年就已经洞察了这些，40 年后的今天，我们似乎最终还是走上了这条路。正如书中所述：

> 有些人可能认为这种测试缺乏规律，但对于经验丰富的探索式测试人员来说，这种技能极为有效。许多支持探索式测试的人认为它不拘泥于常规，能够打破固有思维，充分发挥个体智慧，专注于发现缺陷和验证软件功能。

正如“守破离”所体现的，软件测试不是一个完全可以套路化的固定公式，提升质量需要打破固有思维，发挥个体智慧。正如《人月神话》所说，如果研发人员的乐趣在于创造世界，那么测试人员的乐趣就在于发现创造过程中的瑕疵，发现、定位、解决、预防这些瑕疵，使我们创造的世界变得更加美好。

在这里，我将从两个方面讨论“业务到技术，再由技术回归业务”的双向奔赴。

首先我们来讨论业务到技术的转变是如何发生的。

书中，作者提出了许多关于测试可观测性的理念和对未来的展望，其中很多已经实现，我们可以来看几个例子。

比如，调试工具，如 F12、抓包工具甚至监控工具（代码染色）提供了极强大的可视化功能，我们可以轻松地获取每次测试执行的范围及遗漏的部分。

再比如，Docker 体系及各种资源平台为数据构建和环境搭建提供了便利。基于集群的配置，可以秒级别构建各种测试环境，手机分布式平台和基于云的测试资源池也走上了商业化道路。

还有，各种自动化测试执行框架极大地提高了测试用例的开发、维护、执行效率，无论是基于录制操作、低代码还是编写代码，自动化测试技术已经成为每个测试人员的标配。

互联网近二十年的发展，本质上实现了技术驱动业务，诞生了大量的技术型测试人员，数量最终带来了质量。与其花时间设计精巧的测试用例，不如通过技术覆盖更多的测试场景，这确实是一种经济的手段，并且具有“技术含量”。然而，技术消耗了大量的时间和精力，测试人员都认为开发技术是提高收入的高端测试技能，而忽略了开发技术本来就是 IT 人员必备的基本技能。在业务上的投入减少，从公司团队角度来看，虽然做了很多先进技术的应用，但系统出错的反而越来越多，特别是在当下变化莫测的时代，用技术追业务的结果往往事倍功半。

如此说来，技术如何回归业务呢？计算器的诞生减少了我们的基础计算工作量，搜索引擎的诞生减少了我们查询参考资料的工作量，那么多出来的时间我们应该做什么？更加关键的思维和设计，通过科技进步来做重复的验证，而不是沉迷于技术给你带来快速试错的表面。正如本书所写的，有越来越多的脚手架提供了各种通用的测试用例集，所需的测试也在逐渐走向外包，那么我们自身应该提高的是什么呢？

答案是保障业务价值的能力！具备了把事情做对的能力后，接着就是如何选择做对的事情，无论是与团队共同编写用户故事，还是进行需求实例化，都在测试设计及产品质量能力上提出了新的要求。质量内建再一次将质量控制与测试保证的责任加到了所有人的头上，从 2C 业务的野蛮生长回归 2B 业务的稳扎稳打，质量效能也在寻找着自己的平衡点。有行业背景的、能够理解业务发展方向的测试人员会进一步成为领域业务质量专家，在更好地交付业务价值中发挥更大的作用。

技术提供了业务实现的支撑平台，帮助我们更加容易了解自己测到了什么，以及没有测到什么。在重复性任务由机器做以后，如何构建更加有效的策略成为进一步提升测试效果的关键。探索式测试的思路正是回到最初用户的视角来体验软件给我们带来的价值，无论是当前主流的用户体验还是易用性等，本质都是业务需求。技术是为业务服务的，理解业务，更好地丰富业务，确保业务实现高质量，这是探索式测试给我们提供的解题思路。

——夜夜焦虑到醒的云层，TestOps 创始人

“背锅侠”有话说

虽然有幸参与本书的翻译工作，但作为译者，我的心中不免有些忧虑。毕竟，此前已有译本，再次翻译，无异于站在巨人的肩膀上，但要超越巨人，其难度自不待言。我们需要深入挖掘，向读者展示旧版未曾解读出来的内容。

人生如白驹过隙，软件行业更是瞬息万变，更新迭代的速度相当快。按常理，十年前的测试理论与方法早已过时，与当下快速迭代的产品不兼容。然而，本书却独树一帜，作者十年前提出的探索式测试之漫游理念，恰恰很适合当下的测试场景。

探索式测试最显著的特点是，它没有一套要求测试人员必须遵循的固定方式，而是鼓励测试人员在测试过程中边测试，边思考，边调整，用更加灵活多变的测试方式去发现更多的缺陷。

大部分像我这样的软件测试人员，自入行起便接触功能测试、自动化测试和性能测试等，执行这些测试活动时，往往有严格的框架和规则，需做大量准备工作。探索式测试则不同，我们对事物的了解是渐进的，在测试过程中，随着对软件理解的加深，不断发现新的测试思路，减少漏测。

作为测试人员，我们经常以“背锅侠”自嘲。我不得不承认，这锅背得不冤。的确，测试人员能力参差不齐，产品质量又极度依赖于整个测试团队的把控。线上问题频出，用户吐槽不断，测试人员作为质量的最后一道防线，自然成为众矢之的。如我曾负责的产品，面向 B 端医院，包括硬件设备，往往在公司测试一切正常，到医院演示却问题频发，直接给客户留下不良印象。要说是测试的问题吗？不，我们有严格的流程把控、测试计划、用例设计、产品研发测试共同参与的用例评审以及详细的回归流程，每个节点都是一道质量铁闸，不仅测试人员，团队成员也共同维护产品质量，但最后还是出了问题。最后排查发现，医院用的操作系统是 Windows XP，带宽仅为 512Kb，难以想象，这竟是 2021 年的事！这足以证明，即使我们遵守流程，计划缜密，严格执行，发布的软件仍可能有缺陷。这也是我接触探索式测试的原因，是时候抛开一些固有观念，尝试一些更新颖的方法，通过翻译这本书，将这些创新概念带给更多测试人员。

翻译本书的时候，最大的挑战——应该说是所有译者都会面临的一个困难——就是如何用更贴近中文的表达方式去还原原作者的那些英语口语化表达。首先，我并不想篡改作者的原有表达方式。其次，我也不想让读者因为原文的一些表达方式而导致在阅读过程中有过多的不便，需要权衡利弊。因此，我选取的策略是尽量以最小的改动来向广大读者传达作者最想表达的意思。

在翻译过程中同样困难的是作者在介绍探索式测试的具体方法上，局部探索式测试、全局探索式测试和混合探索式测试这三章出现了很多探索式测试方法，翻译这些方法的名称时，既要想办法让它们能够通俗易懂，还要使其触发读者的联想，以帮助他们理解方法的本质。

随着技术发展的日新月异，软件产品也日趋复杂，对所有的软件测试人员来说，是挑战，也是机遇。感谢作者通过创新的方法，使用探索式测试技术作为当下最理想的解决方案。当然，作为测试行业的另类测试技术，我们应该理性地看待它，通过实践来检验它，也希望本书能在此过程中真真切切地给广大读者带来帮助。

——徐轩，测试人员（传说中的“背锅侠”）

推荐序

几年前，我初次遇见詹姆斯•惠特克。当时，他正在微软雷德蒙德园区参观，和一小群测试人员讨论软件测试的话题。自我们第一次见面，詹姆斯的幽默感和渊博的软件测试知识便给我留下了深刻印象。显然，他多年的教学经历不仅让他充分发挥了自己的能力，也使他与那些渴望学习的人建立了深厚的联系。

詹姆斯于 2006 年加入微软。在过去三年中，我有幸与他共事，从而对他有了更深入的了解。我很高兴地告诉大家，詹姆斯的幽默感以及与测试人员沟通的能力，仍然是他在教学和沟通中游刃有余的关键因素。每次我想与他聊一聊，总能看到他正在与某位测试人员或某个测试团队交流并给予他们启发。尽管我们未曾在微软的同一个团队工作，但我们有很多机会在跨部门项目中合作。我们还共同为微软的新员工举办讲座，詹姆斯负责其中的演讲部分，而我负责增添幽默。在他在微软任职期间，我们真正有机会进行长时间交流的地方是在微软的球场。在过去三年里，我们可能花费了 100 多个小时，反复讨论改进软件测试和开发的方法。

詹姆斯身上有一个重要的特质，那就是他一旦有了点子，就会马上进行检验。话说哪个优秀的测试人员不具备这样的特质呢？这样的特质非常适合他，他不怕失败也勇于承认某个点子不够好，这是他变得如此成功的重要特质。也许是我的测试本能使我比一般的人更愤世嫉俗，但我可以很自豪地说，在过去的几年里，我已经否定了詹姆斯提出的一些“伟大的想法”。他在教导自己的学生时，会说：“大多数好的点子背后，是埋藏着很多不够好的点子的墓地。”这句话不无道理，成功的创新者必须敢于抛弃自己的定式思维。

我在微软公司的职务使得我有幸见证并参与了无数个充满创意的新点子。但是，根据我的观察，许多有潜力的优秀发明都未能取得成功，因为发明者既没有坚持自己的想法，也没有将它们落地。

随着詹姆斯和我有更多机会面对面讨论测试想法，我得以观察到他如何系统地开发几个想法并将它们转化为实用性创新成果推广到微软测试人员中。他设计的测试人员头显系统便是一例，这个想法最初萌芽于球场，经过实践的不断优化，最终实现了可以让测试人员在工作中获取和使用实时测试数据的功能。因为这项创新，微软还特别奖励了詹姆斯，此外，Visual Studio 部门还表达了他们在未来版本测试中使用这项技术的意愿。

我亲眼见到詹姆斯使用旅游类比的方法来指导软件测试。也许他不是第一个谈论漫游测试的人，但据我所知，他是第一个完整设计出漫游测试方法的人，并且成功指导了几十支测试团队将这项技术应用于真实（且非常复杂）的软件测试中。他归纳的漫游测试方法从最初的几条增加到了几十条，在此过程中，他不断发展和完善这些概念。尽管詹姆斯提出的一些漫游方法并未成功，但他勇于放弃这些想法，没有把它们纳入本书中。本书包含一整套经过不断验证和更新的软件漫游测试方法。詹姆斯擅长用讲故事的方法来描述一个概念，这种能力在本书中尤为突出，以至于当我阅读这本优秀的书时，甚至忘记它竟然是一本讲测试的书。尽管我始终不明白为何这样的类比方法和测试行为能使漫游测试如此有效，但漫游测试的实际表现确实了不起。漫游测试的概念极为重要，微软已将其纳入所有新入职测试人员的必修技术培训课程。

如果你有兴趣提高个人或团队的技能，这本书将非常有用。这是一本宝藏书，将在未来几年里成为你的理想参考和良师益友。

——艾伦·佩奇（Alan Page），微软测试专家兼总监

前言

用户购买产品的同时，也得容忍缺陷。

——司各特 • 沃兹沃斯

任何使用过电脑的人都知道，软件从未达到过完美的状态。从最初的程序到如今的应用程序，软件开发的复杂性以及开发人员可能犯的错都是导致软件无法尽善尽美的原因。此外，随着硬件、操作系统、运行环境、驱动程序、平台和数据库等的不断变化，软件开发的难度进一步增加，成为全人类最令人称奇的专业领域之一。

然而，仅仅令人称奇是不够的。正如本书第 1 章“软件质量”所指出的，人们需要高质量的软件。显然，保证质量并不只是软件测试人员的责任。软件应该以正确的方式构建，像可靠性、安全性、性能等问题，都应纳入系统设计阶段加以考虑，而非留到开发后期。然而，一旦涉及理解软件缺陷的本质，测试人员总是站在最前线。如果没有测试人员发挥其洞察力、技术专长和应变能力，那么实现软件质量全面解决方案的希望将变得渺茫。

谈论软件质量的方法有很多，感兴趣的听众也有很多。本书主要面向软件测试人员，讨论了一种特殊类型的缺陷，我认为这类缺陷比其他缺陷更为关键：那些能够逃避所有检测手段并最终出现在已发布产品中的缺陷。

大部分软件产品都有缺陷。这些缺陷是如何引入的？为什么它们没有在代码评审、单元测试、静态分析或其他面向开发者的活动中被发现？为什么自动化测试未能发现它们？这些缺陷具有哪些特别之处，使它们能够逃过手工测试的检测？

是否存在找出产品缺陷的最佳方法？

本书讨论的正是最后一个问题。在第 2 章讨论手工测试时，我指出，由于用户在使用软件过程中发现了这些缺陷，因此测试时也应通过使用软件来发现它们。然而，对于自动化测试和单元测试等，这些缺陷往往无法被发现。无论如何实现自动化，这些缺陷都可能继续影响你，并最终出现在用户面前。

问题在于，许多现行的手工测试实践缺乏明确的目的性，且带有随机性和重复性。有些人可能会认为手工测试无聊至极。本书旨在为手工测试的过程提供一些指导、技术和规划。

在第 3 章中，针对测试人员在执行测试用例时所需做出的局部战术层面的决策，我提供了详细的指导建议。针对某个特定的输入字段或者应用程序使用数据时要用哪些输入值，测试人员必须做出决策。在测试过程中，必须做出许多这样的局部决策。如果没有适当的指导，这些决策往往缺乏有效的分析，甚至还可能不是最优的选择。比如，需要在一个文本框中输入数字时，整数 4 是否比整数 400 更合适？我应该用长度为 32 个字节的字符串还是长度为 256 个字节的字符串？选择一个而非另一个必然有其原因，这取决于软件将要处理的输入的具体情况。考虑到测试人员每天都需要做出数百个这样的局部决策，给出有效的指导就变得至关重要。

在第 4 章中，针对测试人员在制订测试计划和设计测试用例时所需考虑的全局战术层面问题，我也提供了详细的指导建议。这些技术均基于“漫游测试”概念，通过归纳出的各种测试方法，引导测试人员探索应用程序的各个路径，类似于导游带领游客打卡大城市里各个著名的地标。这种探索并不一定是随机或无目的的。本书介绍的方法已经被纳入微软和谷歌测试人员的日常工作。当然，这种测试方法早在很久前就被称为‘漫游测试’，但将旅游类比应用于整个软件测试过程，特别是针对实际发布的大规模应用程序，是本书首创。

全局探索式测试为制定全面的测试策略提供了指导建议。如何创建功能覆盖率较高的用例集？如何在一个单独的测试用例中确定是否要包含多个功能的使用？如何创建一个全面的测试用例套件，以便在软件高负荷运行时发现更多严重的缺陷？这些问题都是设计测试用例和构建高质量测试套件时必须在第一时间解决的。

在第 5 章中，通过结合探索式测试技术和传统基于脚本或场景的测试技术，我进一步拓展了漫游测试的概念。我要讨论如何通过修改端到端场景、测试脚本或用户故事的方法来创造更多变化，并增加传统静态测试技术发现缺陷的可能。

在第 6 章中，来自微软各个产品线的 5 位特邀作者提供了他们在漫游测试技术方面的经验汇报。这几名作者和他们的团队在真实的开发环境下，把漫游测试技术应用到真实的软件上，并记录了他们使用、修改漫游测试方法甚至创造自己方法的过程，是测试人员将漫游测试技术应用于关键产品的第一手资料。

最后，我用两章的内容来总结前面各章讨论的内容，以此作为本书的结尾。在第 7 章中，我描述了我认为测试中最困难的几个问题，以及如何将具有较强针对性的探索式测试方法整合为一个更全面的解决方案。在第 8 章中，我进一步讨论虚拟化、可视化、电子游戏等技术，以及它们如何在未来的几年内改变软件测试行业。附录中包括我对测试职业生涯的看法，以及过去深受读者喜爱的一些文章，这些文章夹叙夹议，其中一些文章在别的地方已经无法找到。

我希望你能够享受自己的阅读过程，就像我享受自己的写作过程一样。

简明目录

详细目录

第 1 章　软件测试

任何先进的技术都如同魔法一般玄幻。

——亚瑟·克拉克

1.1 软件的魔力

开篇引言出自英国著名科幻小说作家克拉克，这段话在许多领域被广泛引用，尤其适合用来软件行业。

1953 年，克里克（Francis Crick）和沃森（James Watson）发现脱氧核糖核酸（DNA）的双螺旋结构，由此开启了对基因工程的深度探索。但在当时的技术条件下，几乎不可能解码 DNA 中庞大且复杂的遗传信息。几十年后，软件技术的进步为该领域的进一步研究带来希望。1990 年至 2003 年，人类基因组计划的科学家们完整绘制了人类基因组序列图谱。[①] 很难想象，如果没有软件的强大计算能力和持续不断的运算，我们恐怕很难取得如此巨大的成就。科学的发展孕育了软件，而如今，软件正在帮助我们走向成功。

科学与软件紧密结合，加上基因工程的突破，使得科学家们能够治愈医学领域此前难以解决的众多疑难杂症，同时也开发了许多创新的医疗应用软件，从而大大延长了人类的寿命。这些进步在很大程度上要归功于软件。

1713 年，牛顿提出“系外行星”（即太阳系外行星）的猜想。[②] 他认为，宇宙中可能存在围绕着太阳系以外恒星运行的天体。很

---

① 详情可访问 http://www.ornl.gov/sci/techresources/Human_Genome/home.shtml。

② 参见《自然哲学的数学原理》。

多天文学家用系外行星理论来解释天体的不规则运动。在 1969 年，荷兰天文学家证实，巴纳德星（蛇夫座 β 星附近一颗质量非常小的红矮星）之所以呈现出不规则的运动，是因为有一颗质量为木星 1.6 倍的行星绕其轨道运行。上述说法都只是猜测，直到 2003 年，第一颗系外行星才被证实真正存在。与牛顿提出猜测时的情况有所不同，这一次并不是因为新的科学发现，而是借助于软件来推动现有的科学认知。科学家们通过软件系统分析超敏仪器返回的大批数据，最终证实了这些猜测。到 2006 年，仅仅 3 年，就有超过 200 多颗系外行星的存在被证实，再后来，已确认有 300 多颗系外行星。

可以想象，如果没有软件系统的帮助，单凭这些超敏仪器是无法完成这些研究的。软件不仅在这些仪器的设计和使用中发挥作用，同样也帮助分析它们产生的数据。让我们再一次为软件鼓掌，正因为有了它，才让我们更接近于宇宙的奥秘。如果有一天我们终于找到一颗类似地球的系外行星，那么可以肯定，发现和验证这颗系外行星的过程必定也离不开软件带来的魔力。

一直以来，自闭症患者的语言障碍一直是个充满争议的话题，许多专家强烈怀疑那些自称能够理解这些自闭症患者行为的父母或护理人员。正常人很难准确地将自闭症患者看似随机和不可控的身体动作翻译成我们能理解的语言。这样的问题可以依靠软件的力量来解决吗？

举个例子，网上有这么一个视频，一位患有重度自闭症的女孩用了一款带有特制软件的输入输出设备，将自己的肢体语言翻译成英语。我想，如果克拉克看到这个视频，肯定会对这种令人震惊但又充满人性化的科技感到高兴。

类似的例子我还可以举出很多，甚至环顾四周，我们的身边就有许多这样的例子。在过去的 50 年里，社会、技术和文化的发展速度远远超过人类历史上的其他时期。当然，战争、无线电、电视和汽车等过去的发明已经对我们的社会产生了深远的影响，而在今天，软件成为这些领域不可或缺的一部分。设备中包含的软件越多，其功能和操作就越发显得高效和先进。

在未来的 50 年，软件将推动更多这样的创新。如果用现在最尖端的技术标准来想象未来的创造发明，那么对我和我的孩子而言，它们仍然像魔法一样令人惊奇。

软件能够连接万物、简化复杂问题、帮助治疗疾病，并提供娱乐活动，这些能力对人类至关重要。我们面临诸多全球性挑战，如全球气候变暖、人口过剩、瘟疫、金融危机和能源短缺等。为了应对这些挑战，我们需要首先建立科学模型，然后利用软件进行验证和参数调整，通过不断计算和研究来完善这些模型，最终得出有效的解决方案。这些解决方案所依赖的软件可能非常复杂，涉及大量的代码。软件是我们应对这些全球性问题的关键工具之一，它为我们的星球提供了未来的希望。

那么问题来了：我们是否能完全依赖软件来解决这些全球性问题？因为此时此刻，软件缺陷同样造成了很多灾难，负责给船只巡航的软件出错可能会导致船只搁浅，[①] 而火箭推进控制器上的软件出错可能导致爆炸，进而造成生命和财产的损失。软件是由人开发的，人可能会犯错，这就意味着所有的人类发明，包括软件，都可能包含错误或不确定性。比如桥梁坍塌、飞机坠毁以

① 软件缺陷导致海军现代化舰艇在海上抛锚。

及汽车抛锚，这些都是可能由于人为错误导致的事故，表明我们在设计和建造任何东西时都需要考虑到人为错误的可能性。

说句玩笑话，假如我们举办一届“比谁失败最多”的奥运会，或者是一届“比谁最让人扫兴”的世界杯，软件必定当仁不让。在所有产品中，软件出现问题的概率可能最高。现在请你回想一下，自己是否经常遇到软件故障，或者有没有人向你诉说过因软件故障而遇到的烦恼？或者你是否遇到过从未因软件故障而抱怨的电脑用户？作为 IT 从业人员，你的非 IT 朋友是否经常让你修理他们的电脑？

人类依赖软件去创造未来，但我们却不愿意在需要它的时候用它来做未来的赌注。软件对我们的未来至关重要，但由于软件失效带来的问题却令人震惊。

下面列出了几个软件失效的案例，你可能曾经遇到过类似的情况。如果你从没遇到过类似情况，那么恭喜你，但你可能会发现，建立一个缺陷记录表对于预防和管理软件失效是非常有用的。我鼓励本书的所有读者都能创建这样一个记录表。[①]

1.2 失效的软件

对于软件测试人员来说，最令人兴奋的无疑是发现测试产品中的缺陷。尽管我通常不在书本中讨论这类案例，但我相信，如果这些失败案例出现在他们的电脑屏幕上，他们一定能感同身受。

---

① 本书的一位审稿人询问了我对失败案例的选择，比如为什么不举例软件缺陷导致了数十亿美元损失、船只搁浅以及医疗事故等这些更有说服力的案例。但我不想引用这些危言耸听的案例，所以最终还是决定举一些大多数测试人员日常测试工作中出现的例子。此外，我觉得这些案例确实非常有趣，许多读者看了之后不由自主地发出了会心一笑。

图 1.1 是一个截图。我们可以看下这个导航页面，导航软件从起点到终点给出的路线是如此荒谬，简直让人啼笑皆非，很难相信有人真的会按照这个路线行走。这种软件缺陷最终导致用户选择其他导航软件来规划路线，可能导致严重的‘客户流失’，尤其对于那些在竞争激烈的市场中存在的软件，客户流失的影响更为严重。我们要感谢 thedailywtf.com，因为这个缺陷是他们最先曝光的。

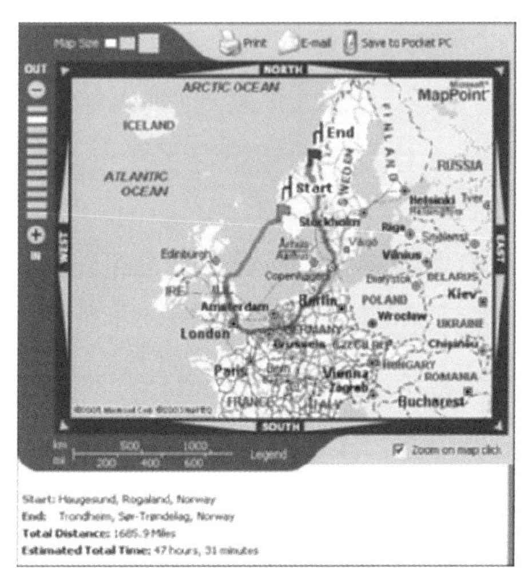

图 1.1　“爸爸，我们到了吗？”这个缺陷已被修复

即使不是挪威人，你也必须承认这是一条很不方便的路线。当然，除非你想先来一段航海旅行， 然后在很长一段时间里沿着导航上的路线混迹在英国的各个酒吧，最后绕道阿姆斯特丹到达目的地（你妻子在身边怎么办？）。毋庸置疑，这是 GPS（全球定位系统）的问题。

但困扰用户的不只是这类让人啼笑皆非的问题，图 1.2 显示了一个非常严重的软件缺陷——数据丢失。幸运的是，这个缺陷已经在交付给用户前被发现并得到修复。

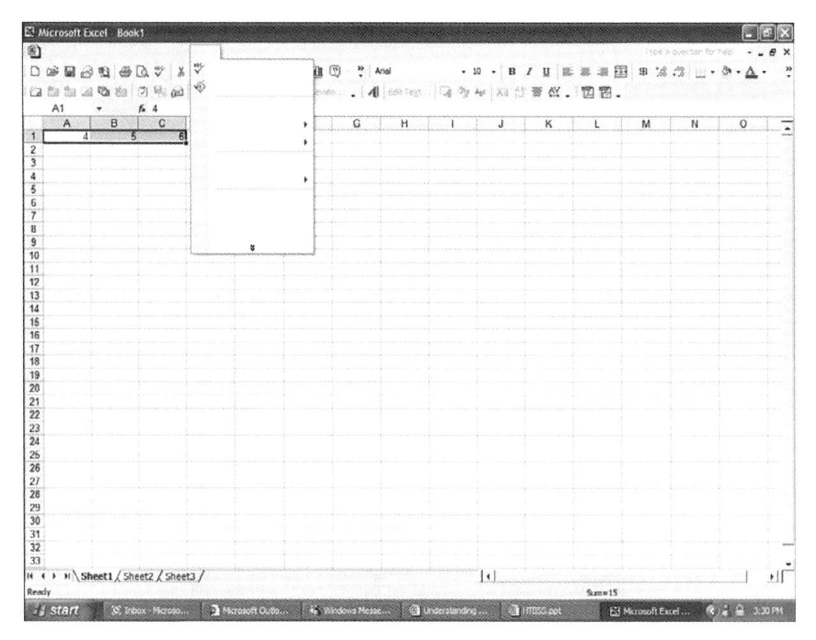

图 1.2　软件缺陷导致用户数据丢失和菜单消失

这个缺陷会导致 Excel 破坏用户已打开的文件，并造成数据丢失。该问题还会引起程序内存错误，并导致界面菜单和用户数据一起丢失。很明显，用户面对这个空白的电子表格时（第一行留下的三个整数仿佛在讽刺用户，提醒他们其他数据都已丢失），气愤地打开菜单，希望能恢复丢失的数据，但菜单也消失了。

难道这就是所谓的软件的优势？

软件缺陷不仅影响用户体验，也会给软件开发商和供应商带来损失。我们来看图 1.3，这是一家酒店为客人提供无线网络连接的 Web 应用程序。仔细查看地址栏中的 URL，可以发现 CGI（公共网关接口）参数 fee，该参数的暴露使用户能够随意更改它。这意味着用户可以自行决定支付的上网费用。开发人员的初衷可能是希望用户能够自觉支付上网费用。

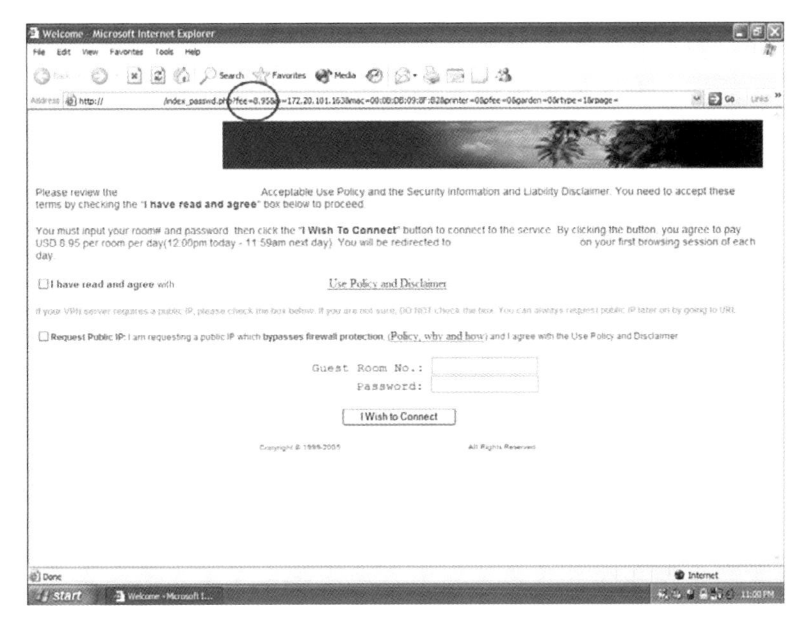

图 1.3　意外暴露的 CGI 参数使得用户可以随意更改支付金额

从商业角度来看，应用程序的各个参与方都能从中获利。例如，编写底层类库的开发人员可以将代码出售给开发 Web 应用程序的其他开发人员。然后，开发 Web 应用程序的这些开发人员可以将软件提供给酒店。酒店通过部署该软件为客人提供无线网络服务，向客人收取相应的费用。然而，如果软件存在漏洞，如前所述，酒店可能因为这些漏洞而“竹篮打水一场空”。

仔细看地址栏中 URL 链接中的 CGI 参数 fee（已在图中圈出），其值为 8.95，表示上网费用为 8.95 美金。考虑到服务的便利性，这样的上网费用应该不算贵吧？但如果将这个参数直接放在 URL 中，用户就可以很容易地随意更改。例如，将参数 8.95 更改为 0.00 并发送请求，用户就可以免费上网了。由于可以轻易地将费用修改为免费，这个名为 fee（服务费）的参数，可以戏称为 free（免费）。如果免费上网还不够吸引人，那么尝试将费用设置为一个负数，通过这种方式，可以实现 priceline.com 新闻发言人所说的“真的可以在酒店里占到便宜”。

某些软件缺陷会直接降低用户工作的效率。图 1.4 展示了这类缺陷的一个实例，它导致上千用户一整天无法工作。然而，这只是一个典型的“小失误”：尽管软件功能经过了充分测试，却遗漏了一个关键场景，给上千名用户造成了不便。值得庆幸的是，该软件仅供内部员工使用，影响范围有限。

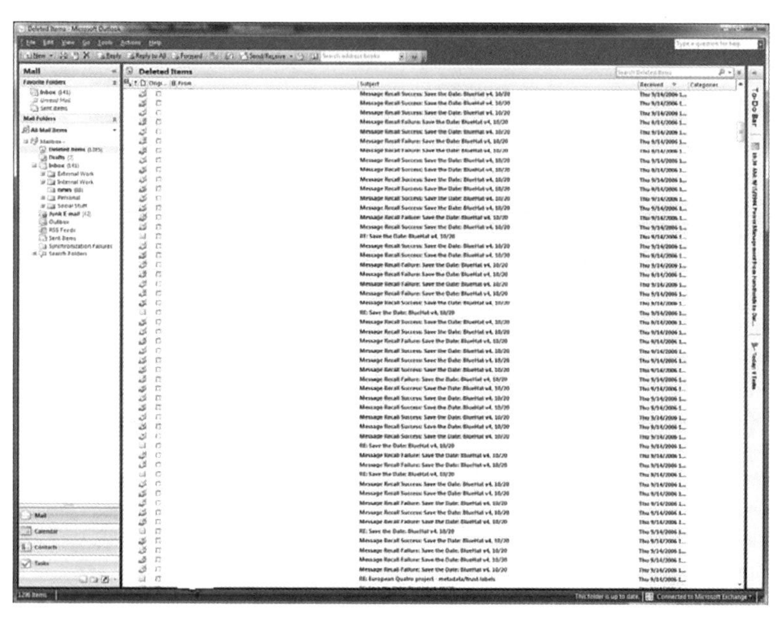

图 1.4　100 多万封电子邮件导致上千名用户不得不花大量时间去删除它们

这个缺陷存在于软件设计的一个特定功能中，但它的效果却超出预期。微软的 Outlook 有一个很有用的功能，它可以撤回用户发送的错误邮件。但有这样一个场景：当某人将邮件发送给一个邮件组（可能包含上千个用户的邮件地址），而此时发现邮件中有错误并撤回，根据原先的设计，Outlook 会通知发件人其错误邮件的撤回是否成功。然而，当邮件被撤回后，系统错误地为邮件组中的每个用户生成了撤回通知邮件，这些邮件被分发到每个用户的邮箱中。结果每个用户都收到了上千封撤回通知邮件，迫使他们不得不花大量时间删除这些邮件，严重影响了工作效率[①]。

除了上述案例，软件缺陷还会给用户带来各种不便，导致用户对软件失去信心。图 1.5 通过蒙太奇手法，将各种软件错误信息和崩溃前的画面拼接成一幅图片。许多测试人员会收集类似的图片来提醒自己软件测试的重要性。

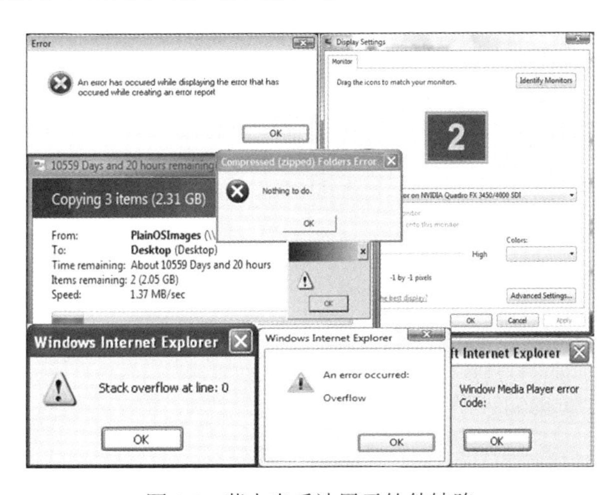

图 1.5 蒙太奇手法展示软件缺陷

如果我告诉你软件开发人员和毒贩都使用 user（用户）这个词来代表他们所服务的对象，你会不会感到很惊讶？[②]其他行业可能会把他们的服务对象称作客户、消费者或是顾客。软件从业

① 这是本书作者亲身经历的一个真实的事件，当时有 1275 名员工在邮件的发送名单上（微软正在组织一场内部安全会议）。这就意味着 1275 人收到 1275 封邮件。更糟糕的是，有人写了一个用来清理电子邮箱中信件的脚本并分发出去，所以只是撤回了邮件，问题并没有得到解决，反而变得更糟糕。

② 第一个指出毒贩和软件开发人员都用“用户”来称呼自己的客户的人不是我。不过，我也找不到这个说法的出处。

者会用那些毒贩一样的口吻告诉你："嗨，要不要来一点？"额，我指的是要不要升级一下你的应用。

缺陷是软件魔力的一个污点。在使用软件解决越来越困难和关键的问题时，我们也要小心那些错误，因为它们会导致软件罢工，我们要尽量减少软件缺陷。本书旨在阐述作为一名测试人员如何实现这一目标。了解缺陷是如何产生的以及如何发现缺陷，让我们对软件更有信心。

小结

科技孕育了软件，现在软件又带来了更多科技上的创新。我们需要用软件的力量来解决各种类型的世界难题，如人口过剩、温室效应、疾病以及延长人类的寿命。软件在解决这类问题上至关重要，所以我们必须保证软件本身具有极高的质量，对那些软件质量问题导致的失败零容忍。

在下一章中，我们将讨论各种缺陷预防和检测策略，这些策略可以帮助我们理解手工测试在提升软件质量方面的重要作用。后面的章节将继续探讨手工测试中需要注意的策略和需要深思熟虑的细节。

思考与练习

1. 软件在哪些方面改变了世界？以上一代人或20年前为例。
    - 科技如何改变孩子们的教育方式？
    - 科技如何改变青少年的人际交往？
    - 科技如何改变商业模式以及政府机构的运作？
    - 你能说出科学技术和软件行业的5个消极影响吗？

2. 花些时间用你最喜欢的搜索引擎尝试搜索“软件故障”，看能不能找出下面的例子：

- 知名软件厂商惨遭滑铁卢。
- 软件故障导致人员伤亡
- 软件故障造成超过 10 亿美元的财产损失
- 一个软件故障影响到 1 万、10 万甚至更多的人

3. 在解决世界性难题上软件将如何发挥作用？如果你考虑到温室效应或者癌症的治疗，那么软件对研究这些问题的人来说就相当重要。

4. 重新读一下微软 Outlook 邮件工具的软件缺陷案例，1275 个人受到影响，那么到底产生了多少封邮件？尝试说说微软是如何漏测这个缺陷的。

第 2 章　手工测试

虽然有两种途径可以写出没有错误的程序，但往往第三种才真正有效。

——艾伦·帕里斯

2.1 软件缺陷的根源

软件缺陷的根源[①]来自软件开发本身。显然，我们的目标是开发完美的软件，而不是故意制造缺陷。确实，自从软件行业诞生之初，bug（缺陷）这个术语就被普遍运用在办公室、车库、宿舍、数据中心、实验室、卧室、咖啡厅等任何一个正在从事软件开发工作的地方。不仅人类开发的第一款软件存在缺陷，而且当下开发的软件仍然存在缺陷，涉及软件中的每一个比特和字节（两者都是计算机数据存储的单位）。在软件发展的整个历史中，没有任何软件是完美无缺的。

这里有一件趣事，世界上第一个 bug 是一只飞蛾[②]，这个缺陷不是由开发人员引入的，而是开发者在设计时没有考虑到会有虫子飞到继电器上，导致继电器短路引发错误。这正是我们将在后续章节中将要讨论的，软件故障的主要原因是开发人员没有充分理解、预测并测试软件运行的各种环境。不幸的是，软件故障

---

① 我已故的导师哈兰·米尔斯对此有一个有趣的看法：程序出错的唯一原因是由开发它的人引入了缺陷，无他。任何程序都不会因为和其他有缺陷的程序一起运行而产生缺陷。

② bug（缺陷）这个术语最早由著名的软件开发人员格蕾丝·霍普发明，当时她把掉在继电器上的一个飞蛾称为 bug。在硬件和机械行业也使用 bug 这个术语，甚至爱迪生也这么说。

的预防远比简单地关上窗户来阻止飞蛾飞入继电器复杂得多。要解决这个问题， 我们不能急于求成，而应首先关注本书讨论的两个关键点：程序员引入的缺陷和运行环境导致的缺陷。

2.2 缺陷的预防和检测

因为缺陷无法完全避免，所以我们只能讨论如何用尽各种手段从我们的软件中剥离缺陷，尽量减少缺陷导致的软件故障，从而提高软件质量。事实上，我们可以将用于减少软件缺陷的技术分为两大类： 缺陷预防和缺陷检测。

2.2.1 缺陷预防

缺陷预防一般是从开发人员的角度出发的，比如编写更好的设计规范、实施代码评审、运行静态代码分析工具以及执行单元测试（通常是自动化单元测试）。但这些缺陷预防技术或多或少存在一些问题，无法发挥其应有的功效。接下来让我们详细了解这些阻碍缺陷预防技术发挥功效的问题。

问题 1：“开发人员做不好测试工作”

让开发人员在自己写的代码里寻找缺陷，这种方法的可行性值得怀疑。如果他们善于发现缺陷，难道不应该在一开始就避免引入这些缺陷吗？然而，由于开发人员往往专注于构建应用程序的功能，他们可能忽视某些测试方面，从而无意中引入缺陷，导致在构建应用程序时可能有测试盲点。这就是为什么大多数真正关心软件质量的组织会雇专业的测试人员来测试软件。这样做的目的是让测试人员能够从与开发人员不同的角度来测试程序。而且，测试人员拥有那种“如何才能查出这个功能的缺陷”的信念，有助于弥补开发人员的测试盲点。

这并不是说开发人员不应该参与测试。测试驱动开发（Test-Driven Development，TDD）的核心原则是，在开发功能代码之前，必须先由开发人员编写单元测试代码，这是毋庸置疑的。例如，格式化错误、数据验证问题和异常条件等，都需要在开发过程中被及时发现和解决。尽管前面已经讨论过，但我们仍需要从不同角度考虑一些容易被忽视的场景，以确保用户在使用过程中不会遇到故障。

问题 2：“静态测试”

类似代码评审或静态代码分析的技术不需要运行软件，而是在软件的非运行状态下进行测试。一般来说，测试内容包括分析程序的源代码、目标代码、编译后的二进制文件以及程序集。但是，由于这些技术无法完全模拟真实使用场景，大部分缺陷直到软件运行在真实环境中才会暴露，这是一个挑战。为了提升软件质量，我们需要通过运行软件并输入真实的数据来发现这些隐藏的缺陷。

问题 3：“缺少数据”

软件在运行过程中需要通过输入不同的数据来覆盖各种代码路径。哪段代码路径被执行取决于程序输入的内容、软件内部的状态（当前内存中的变量值）或是外部因素（比如数据库和数据文件）。软件故障常常是因为软件运行一段时间后引起的数据量积累。最常见的现象是开发人员开发项目的时间周期短，导致测试场景覆盖无法得到充分覆盖。

也许有一天，我们会有一些工具和技术来确保开发人员能够写出没有缺陷的代码。[1] 当然，对于缓存溢出这类更接近系统底层的缺陷，[2] 开发人员已经有足够的技术和能力防范。如果继续保持这种趋势，那么测试软件所花费的时间就会大大减少，但在我看来，真正实现这个梦想还有很长的路要走。在此之前，我们仍然需要以不同于开发人员的视角来模拟真实的软件运行环境以及使用大量更接近于实际用户所使用的数据来测试我们的软件。

谁能提供这种不同于开发人员的视角呢？答案就是软件测试人员。他们可以运用各种测试技术去发现缺陷并上报以进行修复。测试人员的测试活动是一个动态的过程，包括在不同环境中运行软件，使用真实数据并且尽可能多地覆盖输入场景，在较短的测试周期内完成测试任务。这就是软件测试人员大展身手的时候。

2.2.2 缺陷检测

测试人员通常使用两种形式的动态测试：自动化测试（通过编写代码来测试应用程序）和手工测试（通过程序的可视化界面输入数据进行测试）。

行业里对于自动化测试的评价可谓是褒贬不一。

---

① 我脑海里有这样一个画面：有一款终极缺陷查找工具，这个工具在开发人员编写代码时自动工作，工作的方式类似于写文档时用到的拼写检查工具，每当开发人员写了含有缺陷的代码时，工具就会在错误的代码下添加下划线，或者自动纠正这个错误。重点是我们要尽可能早地发现问题，这样就可以更大程度上避免软件中引入缺陷。缺陷在软件中存在的时间越短越好。但在这样的终极技术实现之前，我们不得不继续使用人力去测试软件，这是一个需要长期努力的方向。

② 通过对输入项注入超过其代码所能处理的数据量可以发现缓存溢出这样的缺陷。《如何破坏软件安全》一书解释了这类缺陷的形成原因和具体的检测方法。

说自动化测试不好是因为它需要编写代码，这意味着测试人员必须拥有代码编写能力。那么开发人员能否成为优秀的测试人员呢？很多人可以，也有很多人不行。事实是，自动化测试的代码中也存在缺陷，这就意味着测试人员需要花费大量时间去编写代码、调试代码以及重构代码。一旦测试活动变成开发活动，就会出现这样的问题：测试人员可能会花费更多的时间在维护自动化测试代码上，而不是在测试软件上。不用怀疑， 这就是当前自动化测试的现状。

换个角度，说自动化测试好是因为它很酷。通过编写一段简单的代码，就可以执行无数次测试并发现缺陷。当应用程序的代码变更或需要进行回归测试时，自动化测试代码可以反复执行。简直太神奇了！我们应该对自动化测试佩服得五体投地。如果根据执行测试用例的数量来评价测试人员的能力，那么自动化测试铁定排名第一。相反，如果评价标准变成测试用例的优劣，得到的结论则完全不同。

虽然在软件行业中自动化测试已经存在很多年，有些行业甚至几十年，当软件在交付给最终用户使用时为什么还有问题？这是因为自动化测试和开发人员所做的其他形式的测试都有某些共通的问题：这些测试活动都是在测试环境中进行，而不是真实用户使用的环境；我们很少会冒着风险在客户的真实数据库上运行自动化测试代码，因为通常自动化测试代码并不可靠（毕竟它也是软件）。如果自动化测试需要在数据库中增加或者删除数据，试想一下，哪个客户愿意在其真实数据库中运行这些代码？自动化测试还有一个至今悬而未决的致命弱点：预言家难题。

这里的预言家难题是软件测试中最大的挑战之一：当我们运行一个测试用例时，如何得知被测软件确实完成了它应该完成的任务？是否产生了正确的输出？是否会带来不必要的副作用？一旦给定用户场景、配置信息和输入顺序，是否存在一个“先知”可以告诉我们软件确实按照设计要求执行。这对当下的软件测试人员不现实，他们没法下断言，因为事实是软件的需求说明书往往并不完整，甚至缺失。

没有这样的先知，自动化测试就只能发现最极端的问题，比如崩溃、挂起或异常。自动化测试脚本本身就是一个软件，所以有时并不是被测软件崩溃，而是自动化测试的程序经常崩溃以至于那些比较微妙或者复杂的缺陷被忽略。只要看看第 1 章就知道，那么多严重的缺陷“溜”进了正式发布的代码。自动化测试确实重要，但光靠它是不够的，过度依赖自动化测试甚至危及项目的成功。

那么测试人员该怎么办呢？如果测试人员不能依靠开发人员所用的缺陷预防工具和自动化测试，他们还能寄希望于什么呢？一个重要的补充就是手工测试。

2.3 关于手工测试

手工测试，顾名思义，是由人手动执行测试过程。测试人员需要手脑并用，发挥聪明才智去设计能导致软件失效或让软件完成既定任务的各种场景。手工测试可以最大程度地模拟真实的用户场景。使用真实的用户数据在真实用户环境中进行测试，可以识别出从明显到难以察觉的各种缺陷。

要发现隐藏在应用底层的业务逻辑缺陷，手工测试是最佳选择。业务逻辑指的是实现用户需求的功能，正是这些功能促使用户购买软件。业务逻辑通常非常复杂，需要人工进行反复验证，因此这类任务不适合仅由自动化测试来完成。

也许将来某一天，随着开发技术的突飞猛进，我们可能不再需要测试人员。当然，这是软件厂商和软件用户所期望的，但目前依靠测试人员寻找缺陷仍然是我们最大的希望，因为自动化测试仍然面临着许多不确定因素、复杂场景以及自身可能的故障而无法全面覆盖。所有这些都需要人脑的介入，而且在当前、未来以及更长远的将来都将如此。

单靠手工测试就可以彻底解决问题固然是理想的，但经验表明，软件行业中的手工测试尚未达到预期效果。手工测试的效率相对较低，缺乏固定的模式，且无法像自动化测试那样易于重复执行、移植和重构。此外，业界也缺乏足够的经验来指导测试人员在这一领域取得长足的进步。这导致手工测试在开发过程中常常受到指责，开发团队对此亦有不满。很不幸，这是我们必须面对的现实。

现在，是时候把先进技术应用到手工测试领域中了！这就是本书所要阐述的主题——“探索式测试”。我希望软件行业能够摆脱从前那种无头苍蝇式的手工测试，逐步发展为一个目标明确、流程规范的探索式测试的新时代。手工测试过程需要精心设计，同时又给测试人员留有一定的发挥空间，使其可以在测试过程中随机应变！

如果软件无需测试便能够正常工作，那么我们就能够实现这一愿景。成功应归功于当前辛勤工作的手工测试人员。

脚本化的手工测试

很多手工测试人员会使用预先编写好的脚本，[①] 这些脚本用于指定测试时应输入的内容以及定义正确输出的标准。有时候，脚本会写得很详细，比如首先输入某个值，按下这个按钮，检查某个输出结果。这些脚本通常记录在电子表格中，并随着新功能的开发或缺陷的修复而需要更新和维护。脚本的另一个目的是记录实际执行的测试情况。

通常，对于一些应用程序，在手工测试中使用预先编写好的脚本可能显得过于刻板。因此，在测试过程中，测试人员可能采用不那么正式的方法。例如，脚本中不指定某个输入项的具体值，而是编写成一个通用的场景，以便在实际测试中为测试人员提供灵活性。在微软，负责 Xbox 游戏的手工测试人员经常采用这种方法。例如，某个脚本的输入项可能被描述为“给魔法师发送一条指令”，而没有特别指定是哪个具体的指令。因此，我们所说的手工测试脚本化可以是严格的，也可以是灵活的，视情况而定。但执行较为灵活的脚本时，测试人员需要掌握如何处理各种选择和不确定性，这属于探索式测试的一部分。

本书将专注于讨论灵活的脚本化手工测试。

2.4 探索式测试

至于完全弃用脚本（或如后文所述，使用定义较为笼统的脚本），我们称之为探索式测试。测试人员可以自由选择任何方法测试应用程序，根据程序反馈调整操作，并不受限制地探索其各

① 这里的脚本化指把需要执行的手工测试流程用一系列的指令来描述，测试人员只需要按照指令一步一步进行操作。

项功能。尽管有些人可能认为这种测试方式缺乏规律性，但对经验丰富的探索式测试人员而言，这种方法极为有效。许多支持探索式测试的人认为，它能够打破常规思维，充分发挥个人智慧，专注于发现缺陷和验证软件功能。

探索式测试虽然属于手工测试范畴，但这并不意味着我们不能利用自动化工具来辅助测试活动。测试结果、测试用例和测试文档都将在测试执行过程中创建，而非事先在测试计划中记录。使用截屏工具和按键记录工具是保存探索式测试结果的理想方式。事实上，即便是那些标榜“纯手工”制造的家具工匠也会使用电动工具，同理，“纯手工”测试也可以借助工具。即使手工测试人员在测试中使用了带有调试信息的软件版本、调试工具、代理程序或其他分析工具，这仍然属于手工测试的范畴；与不使用这些工具的人相比，他们的工作效率更高。

探索式测试特别适用于目前基于敏捷开发流程的 Web 应用程序开发。[①] 由于产品功能迭代快，每个迭代周期应尽量减少对依赖性工件的依赖（如预先编写的测试用例）。当一个测试用例不适用于下一个迭代版本时，我们是否还有必要编写它？难道不应该将更多时间投入到实际测试中吗？

探索式测试有一个潜在的缺点是，测试人员在测试过程中可能缺乏明确目的，从而像无头苍蝇一样在不重要的地方耗费大量时间。缺乏规划和清晰的条理，无法有针对性地测试，这会导致测试效率低下，包括重复执行相同的工作。特别是在涉及多个测

---

① 探索式测试的支持者众，特别是在敏捷开发社区，这一点毋庸置疑。但我还是要在这里强调这一点，是希望能给那些仍需要去说服他们的管理层的测试人员带来一些帮助。

试人员或团队的项目中，这种情况尤为严重。在没有测试文档的情况下，测试人员如何保证良好的测试覆盖率呢？

在这种情况下，我们需要依赖有效的指导方法。如果没有有效的指导方法，探索式测试就像游客在城市中无目的地漫游却希望能够偶然发现让人兴奋的旅游景点。这时，如果有导游的引导，情况将大不相同，导游可以帮助我们明确目的地，即我们需要测试软件的哪些具体内容。没有指导方法，就像在伦敦寻找海滩或在佛罗里达寻找中世纪建筑一样，纯属浪费时间。当然，从测试策略的角度来看，明确要测试什么以及如何测试都是非常重要的。

探索式测试有两种指导方法帮助测试人员在测试活动中做出决策：局部探索式测试法，允许测试人员在测试过程中即时作出判断；全局探索式测试法，使测试人员能够在测试活动开始前设计测试计划和策略。这两种方法的细节，我们将在第 3 章和第 4 章中进行更详细的介绍。最后，第 5 章将讨论混合探索式测试，这是一种把探索式测试和传统手工测试相结合的指导方法。

2.4.1 局部探索式测试

在测试过程中，手工测试人员的工作很不确定。他们需要决定使用哪种输入方式、浏览哪个控件或页面、选择哪个菜单项以及每一个表单内的输入内容。具体来说，每个测试用例的执行过程中，都需要做出数百个类似的选择。

探索式测试可以帮助测试人员做出这些决策。当测试人员面临这些抉择并运用探索式测试方法进行决策时，这种方法就被称为局部探索式测试，因为这些决策主要针对局部的、有限范围的操作。当测试人员在检查网页、对话框或功能时，通常需要明确的指导来处理这些情境。这种局部决策过程是不可避免的，因此测试人员在执行一个测试用例时可能需要重复决策数十次，而在一天的测试工作中，可能需要做出上百次这样的决策。

问题是许多测试人员在面临这样的局部决策时往往不知所措。比如，如果文本框需要输入一个整数，输入 4 是否比输入 400 更有可能发现缺陷或强制产生特定的输出结果？输入 0 或者负数会不会有特殊效果？要考虑进行一些非法的输入吗？如果你对应用程序有深入的理解，例如，如果程序是用 C++ 编写或后端连接了数据库，是否会影响测试时选择的输入值？那么，探索式测试中有哪些技巧可以帮助我们在测试过程中的局部决策环节做出正确的选择？

第 3 章将着重讲解这些技巧。我必须承认，这些技巧大部分并非我个人独创。我非常幸运能够与有史以来最优秀的测试人员共事。从 IBM 到爱立信，再到微软、Adobe、谷歌、思科以及其他许多不知名的小公司，我收集了来自这些优秀人士的众多建议，并将在书中与大家逐一分享。我的另一本书《如何攻破软件》对许多前述内容进行了讨论。本书侧重于从寻找缺陷的角度进行讨论，因此内容更为全面。我们的兴趣不仅限于寻找缺陷，还包括全面了解软件的各个方面，如应用程序的特性、接口和代码，从而更全面地进行测试并提升软件质量。

2.4.2 全局探索式测试

对测试来说，不管怎样，仅仅在局部范围内做出正确的抉择是不够的。事实上，在所有这些局部问题解决后，我们可能会发现，尽管解决了局部问题，但仍然缺少一个全面的测试集来确保软件满足正式发布所需要的质量标准。毕竟，一个全面的测试集通常比单独运行某个模块的测试更有效，因为测试用例之间存在相互关联。将整个测试用例集合并运用可以更有效地提升测试效果，只不过这一点在业界还有争议。

这说明测试人员需要一种可以帮助他们分析及设计测试用例的策略。一个独立的测试用例应该覆盖应用的哪些特性？哪些功能必须放在一起测试？如何决定哪个功能先测以及哪个功能后测？如果一个项目中有多名测试人员，如何确保他们的工作相互补充而不重叠？探索式测试人员如何从全局角度掌控测试用例和策略？

答案是依靠全局探索式测试方法。在这个过程中，我们所做的任何决策都将涉及软件的整体，而不只是影响某个界面或对话框。同时，这样的决策旨在更好地控制探索式测试的整体方向，而不只是针对某一个特性的测试。

在第 4 章中，我将对全局探索式测试与旅游进行类比。这么说吧，当一名游客来到一个陌生的城市，他需要通过一些全局性的建议来决定去哪家餐馆。然后再根据一些局部性的建议来选择这家餐馆中的具体菜品。全局性建议帮助规划一天的行程，包括决定要做什么、参观哪些景点、观看哪些表演以及去哪里用餐。而局部性建议则专注于每个活动的具体细节，这是全局性建议所不涉及的。如果测试人员能够很好地结合这两种方法，就可以认为他们是探索式测试专家。

2.5 探索式测试与脚本化的手工测试相结合

首先需要说明的是，我们不必将探索式测试视为脚本化手工测试的替代品。事实上，两者可以很好地共存。脚本化手工测试能为探索式测试提供一个标准化的框架结构。探索式测试则能通过引入多样化的输入来增强这些脚本的灵活性。在所有手工测试方法中，探索式测试和脚本化手工测试在本质上是对立的。俗话说"异性相吸"，意味着这两种方法本质上并不相互排斥。它们之间更多的是相辅相成。如果应用得当，它们可以互补不足。测试人员便能找到两种技术之间的平衡点，使得测试过程更高效。

我发现，将两者有效结合的最佳方法是先从正式的脚本开始，随后通过探索式测试方法引入多样化的元素。这样做的话，单一的测试脚本最终可以演化出很多探索式测试用例。

在传统的脚本化的手工测试中，首先阐明用户故事①或者描述用户使用软件时端到端的场景，这些场景是通过用户调研、旧版本软件的使用情况等途径搜集得来的，然后将它们应用到手工测试脚本中。在传统的基于用户场景的测试中加入探索式测试，可以增加脚本的多样性，覆盖更多的用户场景，以此拓宽脚本的测试范围。

进行探索式测试的测试人员，通过分析场景，经常采取不同的方法，尝试一些非传统输入值，包括那些未列在脚本中但可能导致错误的值。当然，最终目标依然是完成脚本中描述的场景。

---

① 用户故事是软件开发过程中用来描述需求的，从用户的角度来描述需要哪些软件功能。

这些非传统输入最终仍会回归到脚本中描述的主要用户功能路径上。这种方法可能涉及修改脚本定义中的某些步骤来进行测试，也可以脱离脚本描述，使用探索式测试法自由发挥，再回归到脚本。第 5 章详细讨论脚本化的探索式测试法，它是手工测试人员需要掌握的关键技能之一。

第 3 章到第 5 章中讨论的技术已在微软公司内部经过广泛的研究和试验。具体的研究成果将在第 6 章中说明。这些实战经验都来自参与这些项目的测试团队。第 6 章还将探讨探索式测试技术在多种类型软件中的应用，从操作系统组件到移动端应用，再到传统的桌面应用程序和 Web 应用程序。此外，附带了微软测试人员针对特定项目编写的测试指南。

本书最后选取测试人员职业规划和未来愿景的一些文章，以及我从业以来积累的相关论文。这些文章和论文大多写于我在佛罗里达理工学院担任教职和在微软担任测试架构师期间。现在我已离开微软，我在微软任职期间所写的文章都收录在本书中。

小结

手工探索式测试是 IT 行业中最具挑战性和最能让人获得成就感的工作。如果执行得当，探索式测试如同测试人员与应用程序之间的较量，这是一种智力上的竞赛。测试人员的目标是发现应用程序中隐藏的缺陷，并识别软件在可用性和安全性方面的问题。长期以来，探索式测试领域缺乏可靠的经验可供我们参考。所有知识都是基于行业专家长期实践和从中吸取的经验教训。本书汇集探索式测试的大量经验和智慧，旨在通过分享经验和智慧来培养更多技术专家，为软件行业提供更高质量的测试能力，让更优质的产品进入我们的生活。

在测试软件时，我们必须全神贯注。本书的内容可以帮助测试人员集中精力，使测试过程更彻底、更完整。

思考与练习

1. 为什么我们不能编写一个工具来完成软件的测试工作？为什么自动化测试不是解决软件测试问题的终极方案？

2. 哪些类型的代码比较适合使用自动化测试？哪些类型的代码比较适合手工测试？试着从理论的角度解释原因。

3. 在自动化测试中，哪些类型的缺陷容易被发现？哪些类型的缺陷不容易被发现？请分别举例说明。

第 3 章　局部探索式测试

任何一个错综复杂的缺陷都可以认为是功能。

——理查·库拉维耶奇

3.1 想不想成为一名软件测试人员

我个人非常喜欢前面这段话，因为它充分诠释了软件测试这门学问的复杂性。如果我们不能区分缺陷和功能，就不可能有效地进行测试工作。如果产品的需求说明书或其他文档不完善，以及无法定义软件的验收标准，我们就无法判断哪些是正确的（即功能正常），以及哪些是错误的（即功能缺陷）。这样的话，是不是没办法进行测试了呢？如果一个软件缺陷非常隐蔽，以至于手工测试和自动化测试都无法发现，这是否意味着测试是无效的？

面对下面的招聘广告，如果是你，你会申请该职位吗？

> 急需一名软件测试人员。该职位要求测试一个极其复杂且缺乏文档支持的软件产品，需求说明书杂乱无章，内容也不完整（如果能找到的话）。该软件的开发者基本不配合。产品将用于不同用户、多个平台以及多种语言以及一些尚未确定但非常重要的需求。我们也不清楚如何为软件的安全性和性能制定标准。但软件发布必须成功，否则我们可能面临破产的风险。

好吧，这只是一个玩笑，但我敢肯定，在软件行业工作过的任何测试人员都会对这则招聘广告的内容感到共鸣。但如果你从未遇到过类似情况，那么恭喜你，你确实很幸运。

测试这种高度复杂的软件产品，如果没有完善的质量标准，根本无法有效进行。的确，在缺乏必要信息的情况下，软件测试工作变得愈加困难，所有测试人员都深受其害。软件测试已有几十年的历史。虽然第 1 章“软件质量”中提及许多软件缺陷案例，但软件无疑已经深刻改变了世界和我们的生活，我们对软件测试的理解也越来越深入。

那么，面对这个“不可能完成的任务”，软件测试人员应该如何面对呢？首先要正视任务的艰巨性和复杂性，绝不能轻视它，否则你会付出惨痛的代价。我们要有正确的心态，即无论测试做得多么彻底，软件都可能存在缺陷。测试是无法穷尽的，我们任何时刻都不能保证软件没有缺陷。我们必须区分任务的优先级，先做重要的事情。软件永远不会完美无缺，测试工作也永远不会结束。在软件发布时，我们应确保优先级较高的功能已经完成测试，而将一些优先级较低的功能留待后续完成。这样一来可以尽可能地降低发布风险。

测试过程是一个不断做选择题的过程，测试人员需要充分理解测试用例执行过程中的各种复杂信息，并从众多可行方案中做出正确的选择。本章讨论的是局部范围内的决策技巧，包括测试人员在使用探索式测试方法测试应用程序时所做出的选择，例如如何确定文本框的输入值、如何诱导程序产生异常信息以及如何理解不同输入项之间的关系。在后续章节中，我们将讨论探索式测试中的全局决策问题，但目前必须专注于掌握能够辅助我们进行局部决策的技能。

局部探索式测试有一个优点，测试人员只需要知道一小部分必要的信息就能完成测试任务。局部探索式测试实际上是将测试经验与对软件的理解（如软件在操作系统中的构建和运行机制）相结合，以帮助我们在测试中做出正确的选择。这些都属于策略上的技巧，用于解决测试人员每天都会遇到的各类细节问题。但它不足以构成一个完整的测试方案，也不适合用于设计全面的测试用例。我们将在后续两章中讨论全局性的测试策略。

根据软件特性，我们可以将测试决策分为五类：输入（input）、状态（state）、代码执行路径（code execution path）、用户数据（user data）和运行环境（execution environment）。这些测试决策类别都是测试人员在测试时需要特别关注的。在资源有限的情况下，即使测试时只关注其中一项，也无法彻底解决所有问题。如果将它们视为一个整体，测试工作将变得更加复杂。幸运的是，已经有许多优秀的指导方法来解决这类问题。本章将介绍一些具体方法和技巧，帮助读者进行局部决策。

3.2 测试是抽象和归纳

测试人员在执行测试时一定要想明白下面几个问题：

- 该软件功能是否符合设计需求？
- 软件是否实现了用户购买时所期望的所有功能？
- 软件执行时是否高效、安全、稳定？

为了找到答案，测试人员将在特定环境下运行软件，模拟用户操作，以验证结果是否符合预期。这时，问题出现了，面对无尽的测试过程，测试人员需要处理大量的输入项和各种可能的输入组合。过多的输入项会让测试人员感到不安，这是测试工作中不断变化的一部分。我们必须在测试时识别所有可能变化的元素，并在确定哪些变量是必要的以及哪些是不必要的，从而做出明智选择。

此时，测试工作可以如此简化：从所有可能的输入中选择一个合适的子集进行测试，并通过分析测试结果来确定所选的子集是否足够全面。软件最终需要发布，但发布后再做测试的话，无法进一步提升代码质量。我们只能在有限的时间内尽可能地完成这项理论上无法完全完成的任务。显然，我们的主要希望在于正确选择变量输入；选择合适的输入值可以提升产品质量，否则用户可能会因为缺陷而对软件产生不满。这对测试人员来说极为重要，同时也充满挑战。

很明显，随机测试并不是最好的测试方法。如果测试人员能在测试过程中掌握所有变化的元素，包括输入和软件运行环境，他们就能更有效地进行探索式测试，从而最大限度地发现软件设计和开发中的缺陷。

3.3 用户输入

试想一下，测试微软 Office 这样的大型办公应用或像 Amazon 这样功能丰富的网站，我们会发现它们包含了大量的输入和输入组合，以至于在测试时我们不会考虑覆盖其所有可能的输入。

事实证明，问题比看上去复杂得多。无论测试人员采取何种措施，都必须面对“测试无法穷尽”的现实。首先需要解决的是输入问题。

3.3.1 用户输入的基本概念

什么是输入？下面给出一个常见的定义：

> 输入指的是在特定环境中执行的一系列操作，这些操作会引发被测对象的响应。

这个定义并不标准，但足以让我们理解什么是输入。关键在于输入由应用程序外部的操作引发，这些操作会导致应用程序内部某些代码得以执行。例如，用户单击按钮是一种输入，但在文本框中输入文本本身并不构成输入。只有当文本实际被传递给应用程序并触发相应代码执行时，才构成有效的输入。[①] 如此说来，输入必须是能导致软件执行某些代码并产生响应的操作，包括无响应的情况。

输入通常可以分为两类：原子输入和抽象输入。例如，按钮点击、向应用程序提交字符串或整数等都是单个事件，不可拆分，因此称为原子输入。有些原子输入的值相似，我们用抽象的方法来描述这些相似的值，称之为抽象输入。这种抽象输入在构建测试输入数据时会更有帮助。整数 4 和 2048 都是具体的数值，即原子输入，但测试人员也可以选择 5 和 256 作为替代。因此，使用抽象术语描述这些输入更为方便，允许测试人员将它们视为一个整体进行分析。例如，我们可以用“1 到 32768 之间的任意数值”来定义一个抽象输入。

通常，一个输入项可能有无数种可能性，因此我们有必要将其抽象化。例如，正整数、负整数和任意长度的字符串包含成千上万种可能性，在给定的测试周期内，我们无法遍历所有可能性，

---

① 这里假设文本框和被测应用程序是分开的，并且合理地认为是输入的预处理器。当然，你可能特别想测试文本框的功能，在这种情况下，所有你输入到文本框中的内容都属于原子输入。这完全依赖于你如何定义应用程序的测试范围。

因此无法保证软件能正确处理所有输入值。[①]

任何应用程序都可能接收到无限多的原子输入，但由于无法穷尽所有值，导致测试人员必须从输入的角度选定一个可行的输入子集，然后在程序中使用它们，并期望通过这样的输入子集发现程序的所有缺陷。因此，我们可以相信，即使用户提交一些未被测试过的值，软件也能正常运行，因为我们认为，基于之前的测试，软件已经全面覆盖这类情况。要做到这一点，测试人员必须掌握如何在整个输入全集中选出最合适的子集。我们会在本章和后续章节中讨论相关策略。

如果我们只关注如何从一组原子输入集合中选择一个最佳子集，那么测试将比实际情况简单得多。但现实恰恰相反，有两个重要因素使得输入决策比我们想象的更为复杂。

首先，多个输入可能会相互影响，从而导致软件出错。换句话说，程序单独处理每个输入时通常没有问题，但如果将两个或更多输入组合在一起，可能就会引发错误。例如，我们可以正常搜索音频，也可以单独搜索视频，但当你同时搜索音频和视频时，软件可能就会出错。测试人员必须能够识别哪些输入相互关联并相互影响，并确保这些输入在同一个测试用例中得到执行。

---

① 处理两个或多个原子输入即是对这些输入的“等价类划分”。它表明没有理由在提交原子输入 4 之后，再提交原子输入 2，因为 4 和 2 都属于通一个等价类。如果测试了其中一个，就不需要测试另一个了。我听某顾问声称测试中使用的等价类是个神话或者说是幻觉。他认为，在输入 2 和 4 之前，根本无法判断它们是否相同。从一个完全黑盒的角度来看，这在技术上是对的。但要在这狭隘的领域里真正做你的测试规划，则必须完全抛弃这种传统观念。为什么不检查一下源代码来做验证呢？如果几个输入导致执行相同的代码路径，并且都放入它们的目标数据结构中，则可以说它们在测试目的上是等价的。不要固执地强迫自己一遍又一遍地测试相同的代码路径，这样根本无法发现缺陷和探索新的领域。

其次，输入这些值的先后顺序也会导致问题。例如，如果需要对某个输入项输入 a 或 b，这便产生了四种可能的组合：ab、ba、aa、bb。我们还可以重复输入三次或更多次，从而产生更多的组合（如 aaa、aab、aba 等）。若涉及两个以上的输入，会有更多的排列组合。我们可能会遗漏某些特定组合，而这些未测试的组合可能导致软件出错。例如，我们可以购买一本书后结账或购买两本书后结账，也可以先购买并结账一本书，然后再购买另一本书并结账。有大量的组合需要考虑和测试，所以测试人员必须枚举并测试所有合理的排列组合，以确保软件能够可靠地交付给最终用户。这一主题将在本章及后续章节中进行讨论。

3.3.2 如何测试用户输入

想象一下光标停留在文本输入框中并一闪一闪地等着用户的输入，这样的情景每个测试人员都会遇到。如果是你会怎么做？会采用什么策略来决定输入的内容？需要考虑哪些因素？让我惊讶的是，竟然没有一个专门的资源供测试新手学习这些技术。但更令我惊讶的是，向 10 个测试人员提出这个问题，我可能会收到 12 种不同的答案。因此，将所有这些问题整理成文，帮助大家快速掌握相关技术，正是本书写作的初衷。

在决定输入内容之前，必须意识到当前测试的软件相比其他软件并无特别之处。大部分测试人员都觉得自己测试的软件比较特殊，和其他软件完全不一样。但事实并非如此。所有软件，无论是操作系统、API 接口、设备驱动程序、内存驻留程序、嵌入式应用、系统库，还是网络应用、桌面应用、基于表单的用户界面或游戏，尽管它们运行在不同的环境中，但都会执行四道基本工序：接收输入、产生输出、存储数据并执行计算。输入内容千差万别，提交给应用程序的方式也多种多样。与某些应用程序相比，其他程序可能更侧重于时效性。但本质上，软件都是相似的，这也是本书讨论的重点。读者从本书中可以获得一些通用的知识，并把这些知识运用于测试自己的应用程序，根据被测对象的特定规则来控制应用程序如何接收输入以及如何与运行环境互动。就我个人经验而言，我测试过美国政府的武器系统、实时安全监控软件、防病毒引擎、蜂窝交换机、从底层到上层的操作系统、网络应用程序、桌面应用程序、大型服务器应用程序、控制台程序、桌面游戏软件等。还有一些由于时间久远，我已经记不清。我在本书中提到的核心概念适用于前面提到的所有这些应用程序。希望读者能在实际工作中应用这些技巧，并加以融会贯通。

3.3.3 合法输入和非法输入

首先区分两个概念：正向测试和逆向测试。你是想确保应用程序正常工作，还是想找到让它出错的方法？这两种类型的测试都至关重要，特别是在某些领域的应用程序中，逆向测试尤为重要。因此，我们必须找到有效的方法来选择适当的合法和非法输入。开发人员必须准确区分合法输入和非法输入。通常，他们会为自认为非法的输入编写错误处理代码。测试人员则需要验证这些错误处理代码被编写在何处，以及它们的实现方式是否恰当。

请记住，大多数人热爱计算机科学，并不仅仅是因为编写错误处理代码。开发人员也不例外，他们更倾向于编写功能代码。

毕竟用户使用软件的目的是满足其需求。通常情况下，开发人员可能会忽略错误处理代码，或者在编写时草率应对。他们只想尽快完成功能代码。正是由于这种思维方式，导致程序在处理非法输入时常常出现许多问题。作为测试人员，我们决不能忽视这类场景。

假设开发人员正在编写一段功能代码来接收一个输入值。这时，他们会立即意识到需要检查输入值的有效性和合法性。因此，他们可能会暂停编写功能代码，转而先编写错误处理代码。或者，他们也可能在程序中暂时添加一条注释（如“此处需要添加错误处理代码”），然后继续开发，将错误处理留待以后处理。针对前一种情况，开发人员需要在编写功能代码和错误处理代码之间进行切换，这可能打断他们的工作流程。开发人员的思路一旦被打断，就会增加犯错的概率。针对后一种情况，开发人员可能永远不会回到之前注释的地方去添加错误处理代码。毕竟他们都很忙，不是吗？在已发布的软件代码中，我已多次发现类似“此处需要添加错误处理代码”的注释。

开发人员有三种基本方式来定义错误处理程序：输入过滤器、输入检查和异常处理。让我们从测试人员的角度来看待这三种方式。

1. 输入过滤器

输入过滤器用于防止非法输入值传递给应用程序，是程序的主要功能代码之一。换句话说，输入过滤器的目的是拦截错误的输入值，防止它们导致应用程序出错，从而减轻开发人员的担忧。

如果输入值能被应用程序正常接收，则说明该输入值即为合法有效的，无须进一步检查。当程序需要释放资源以提高性能时，开发人员通常会采用此类技术。

输入过滤器不会向用户发送错误消息，这与输入检查不同，我们稍后将讨论这一点。相反，它会悄无声息地把非法输入过滤掉，只把合法输入传递给应用程序。例如，某个应用程序的图形界面只能接收整数值，因此，在测试时可以忽略字母和其他字符的输入，只关注用户输入的数值。

此外，列表框和下拉菜单也属于输入筛选器，这是因为用户只能通过它们选择合法的输入项。这对开发人员来说非常友好，因为他们可以不对输入内容做进一步的检查，转而专心编写功能代码。

从测试人员的角度看，我们测试这类输入筛选器时需要注意如下几个方面。

首先，开发人员是否正确地实现了功能？如果开发人员未能正确区分合法输入和非法输入，肯定会导致严重的缺陷。试想一下，如果开发人员将非法输入选项错误地归类为合法，那么非法输入值可能会绕过软件的唯一防线（前提是软件没有做进一步的检查）。如果测试人员怀疑有这种情况，应立即上报缺陷，以便及时跟踪和修复。[1] 反过来，如果开发人员错误地将合法输入选项分类为非法，就会导致合法输入被错误拒绝，引起用户不满。用户输入的值毕竟是完全合法的。

---

① 如果开发人员认为这不是问题，你可能需要多做些测试来说服他们。一旦系统中有非法输入，尽可能更多更频繁地在软件中使用这些非法输入，使任何潜在的缺陷暴露出来。通过这种方式，测试人员就可以用更多的详细信息来支撑缺陷报告，表明非法输入的处理可能造成一些不良后果。

其次，过滤器是否可能被绕过？如果还有其他方法可以绕过过滤器传递输入值，或者输入值在进入系统后仍可被修改，那么过滤器就形同虚设，开发人员必须实现更严格的错误检测机制。因为这类缺陷会导致软件出现严重的安全性问题，所以在发布之前找出它们就显得非常重要，比如下拉框中的 3 变成 -3。如果未对参数做进一步检查而导致提交到后台的订单数量为 -3，卖家可能会遭受损失。

2. 输入检查

输入检查是应用程序主要功能代码的一部分，通常通过类似 IF/THEN/ELSE 的判断语句实现（也可能使用 CASE、SELECT 结构或数据库表查询等）。输入检查接收输入值，如果输入合法，那么就允许程序进一步处理；否则，就产生一条错误消息并中止处理。输入检查的特点是能够通过描述性的错误消息，告知用户其输入值被程序判断为不合法。

这些错误消息对于进行探索式测试的人员至关重要。我建议测试人员必须仔细阅读每条错误消息，判断消息描述是否准确。通过分析错误消息，测试人员还可以洞察到开发人员编写代码时的思考过程。这些错误消息通常会告诉用户输入无效的具体原因以及如何将它修改为合法输入。这些信息还可以为测试人员提供额外的测试思路，例如，哪些输入值可能触发不同类型的错误消息，或者当输入某些值预期会导致程序报错，但实际上却没有报错。

输入检查和异常处理（下一小节会讨论）之间的根本区别在于触发的时机，程序从外部接收到输入值后，首先执行输入检查代码。IF 语句用于判断输入值，以检查其合法性。如果输入值不合法，返回给用户的错误消息就会非常具体，例如，错误消息可能会明确指出“不允许输入负数”，直接告知用户输入值错在哪里。如果错误消息较为笼统，则通常意味着程序内部采用了异常处理机制。接下来看看什么是异常处理。

3. 异常处理

异常处理程序有时类似于错误检查过程，但它并不是针对某一个输入的检查，而是检查整个程序执行过程中出现的任何故障。异常处理程序通常位于程序执行的末端，或者被单独放在一个文件中，用以处理程序执行时可能引发的特定错误。这意味着不仅违规输入会被处理，任何其他类型的故障，如违规的内存访问等，也会被考虑在内。就其本质而言，异常处理程序会处理各种各样的程序出错，不仅限于非法输入。

这也意味着异常处理程序产生的错误消息相比输入检查的错误消息在描述上通常更为笼统和模糊。程序运行过程中任何代码行都可能出错，且出错原因多种多样，因而异常处理程序通常无法确切指出问题所在或其成因。除了告知用户“发生了错误”，它往往无法提供更具体的信息。

当测试人员遇到这样一个非特异性的错误消息时，最好继续进行有针对性的测试。使用之前导致该异常的输入，或是稍微修改一下，看看程序是否仍然报错。也可以执行其他涉及该功能的测试用例，查看是否能够反复触发异常，这可能导致程序彻底崩溃。

对于非法输入，可以选择忽略或者向用户提供错误消息反馈。错误消息可以通过弹出对话框、记录到日志文件或展示用户界面的特定区域来提供反馈。合法输入则应根据设计需求进行相应的处理，给予用户正确的反馈。如果在测试过程中发现与上述描述不符的情况，则说明你已经找到了一个有效的缺陷。

4. 常规输入还是非常规输入

输入通常分为常规输入和非常规输入。常规输入指没有特殊格式或含义的输入，这类输入通常容易被软件在测试过程中接收。常规输入是开发人员预期的，通常也是真实用户会使用到的输入。非常规输入通常只发生在特殊情况下，或可能是偶然或意外的结果。例如，一个用户本来想在文本框中输入大写字母 C，却不小心按了 Ctrl+C 而不是 Shift+C。这里的 Shift+C 属于常规输入，将正常输入大写字母 C；而 Ctrl+C 的输入则是错误操作，在 Windows 系统中用于复制或取消。在输入框中使用 Ctrl+C 或其他特殊字符可能会引起意外情况，包括用户不希望发生的事件。

与 Ctrl、Alt、Esc 等控制键组合的字符都属于特殊字符。在测试软件时，有必要在测试用例中包含这些特殊字符的使用。如果在测试过程中发生不符合预期的行为，就要作为缺陷进行上报。测试人员也可以安装终端用户可能使用的特殊字体，包括不同国家的语言支持。例如，在处理 Unicode 或多字节字符集时，如果未进行适当的本地化处理，可能会导致软件出错。最好在开始使用软件前查看产品文档，确认软件支持的语言，然后安装相应的语言包和字体库，以便进行特殊字符的测试。

还有一些特殊字符与应用程序运行的平台相关。每个操作系统、编程语言、浏览器和运行环境都有一些独有的关键字，这些关键字具有特殊的含义。例如，Windows 操作系统就有 LPT1、

COM1、AUX 等关键字。如果在某个输入框中使用这些关键字，可能会导致程序挂起或彻底崩溃。根据应用程序运行的平台不同，输入框中输入的特殊字符可能会被平台本身处理，或者由应用程序处理。唯一可靠的方法是确保识别出相关的特殊字符，并将它们作为潜在的输入值进行测试。

5. 默认输入或用户输入

在文本框中不输入任何内容就直接提交，算是一个最简单的测试场景。对测试人员而言，这看似简单，但对软件的响应处理却不简单。实际上，测试人员不输入任何内容并不等于软件可以忽略对这种情况的处理。

通常，软件在接口接收到空字符串或 NULL 参数时需要执行一些默认操作。这些默认操作经常被忽视，有时甚至未得不到充分考虑。在单元测试中，这类场景也经常被忽略，如此一来，手工测试成了最后的保障。

开发人员必须处理这些空白的输入，因为他们不能保证所有用户都提供有效的输入。用户可能忽略某些输入项，因为他们可能注意不到或意识不到需要在这些地方输入信息。如果界面上有许多需要输入信息的字段，如要求用户填写账单地址、送货地址和其他个人信息的网页表单，程序就要根据不同的未填字段显示相应的错误信息。在测试中，这一点也相当重要，不能忽视。

除了测试不输入任何值的情况，我们还需要探索更多场景。有时我们会发现，在填写前某些表单已预先设置了值，即开发人员为表单设定的默认值。比如，一个打印表单有个打印页数选项，默认值就是“全部”。 默认值代表开发人员认为正常用户最有可能输入的值。我们需要验证开发人员的这些假设，并确保在设定这些默认值时他们没有犯错。

在看到开发人员设置的默认值后，首先应尝试删除它，使字段留空。开发人员可能未充分考虑这种情况，因为他们主要关注的是如何设置默认值，考虑不到默认值缺失时的处理。接着，可以尝试输入一些与默认值相近的其他值。如果该字段是数字类型，可以试试在默认值上加 1 或减 1。如果该字段是字符串类型，可以尝试在字符串的开头或结尾添加或删除几个字符，或输入长度相同的其他字符串。

有默认值的字段与无默认值的字段在程序处理上往往有显著差异。因此，测试人员投入更多时间来测试这些字段是有价值的。

6. 通过输出来决定输入

到目前为止，本章一直在讨论输入选择的问题，这些选择基于我们对输入项特征的客观理解。我们通过输入项的一些属性（如类型、大小、长度、值等）来进行输入选择。选择输入的另一种方法是考虑它可能（或应该）引发的特定输出结果，即通过预计可能的输出结果来选择相应的输入项。

从某些角度来说，这就好比孩子们试图说服父母让他们参加某个聚会。孩子们知道父母的回答（输出）只有同意或不同意，因此他们会采用可能促使父母同意的询问方式（输入）。例如，比较“我能去参加那场疯狂的舞会吗？”和“我可以去乔伊家和几个朋友聚聚吗？”前者显然不太合适。提问的方式在很大程度上影响着答案。

这个道理也适用于软件测试。具体做法是首先明确期望产生什么输出结果，然后确定哪些输入能够产生这些结果。

采用这种方式进行测试时，测试人员的第一步是列出所有主要的输出结果，然后确定能够产生这些输出的输入值。将输入与输出进行配对是测试人员常用的手段，这样可以确保覆盖所有场景。

从抽象的角度来看，最高级别的抽象是将输出分为非法和合法两类。这类似于我们之前讨论的关于生成错误消息的技术原理，但在此，测试人员应尽可能集中精力于合法输出，以确保新功能和场景得到充分覆盖。

测试人员预先确定他们希望应用程序产生的输出结果，然后探索那些能够生成期望结果的所有场景，这是一种主动思考输出结果的方法。另一种相对被动但有时也非常有效的方法是，先观察当前的输出结果，随后修改输入，以确保新的输出结果是经过重新计算的，或与之前的输出有所差异。

当软件首次响应某个输入时，通常处于默认的未初始化状态。许多内部变量和数据结构仅在首次生成输出结果之前被初始化。然而，在随后的响应（第二次或之后）中，许多变量的值保持为上次运行时设定的值。这意味着我们在第一次输出之后进行的测试是基于程序内部的一个全新状态。在首次测试时，软件在产生输出之前处于未初始化状态，仅在生成输出结果之前执行初始化。在第二次测试时，软件在产生输出之前已经处于初始化状态。这两个测试用例是不同的，一个可能通过而另一个可能失败，这样的情况很常见。

基于之前讨论的被动观察输出结果的测试方法，我们可以得到另一种方法，即测试软件所持久化保存的输出结果。这些输出结果通常在计算后显示在屏幕上或存储在文件中，软件可能在之后的某个时间读取它们。如果这些值是可变的，在测试时就应该尝试修改这些输出结果及其属性（如大小和类型等），以验证这些值是否基于原始值重新生成。这一点相当重要。执行测试时需要考虑所有可识别的属性。

输入的复杂性只是测试人员在软件测试中面临的第一个技术难题。随着软件不断接收输入，其内部的数据结构和变量值也在不断更新，导致软件在每次测试时都处于不同的状态。这正是我们接下来要讨论的问题：软件的状态。现在，让我们探讨状态变化如何增加软件测试的复杂性。

3.4 状态

所有输入都会被软件“记住”，即存储在内部数据结构中。这意味着我们不仅要考虑当前输入对软件的影响，还要考虑之前所有输入的影响。如果我们使用 a 作为输入，软件的状态就会随之改变。再次输入 a，尽管两次输入的值相同，但它们并不是完全相同的操作，因为软件的状态已经被第一次输入 a 改变。第二次输入 a 所得到的输出结果可能会完全不同。状态和输入都会影响软件的行为，包括可能导致系统出错。在某一状态下输入某个值时，软件可能表现良好。然而，在另一种状态下输入相同的值时，软件可能会出错。

3.4.1 软件状态的基本知识

对于软件状态，我们可以这样理解：在选择下一步输入时，必须考虑先前所有输入对软件内部变化的影响。输入导致内部变量值的变化，这意味着每个可能的变量取值都代表软件的一个特定状态。这些状态共同构成了所谓的状态空间。这里，我们对状态就有了一个非正式定义：

> 软件中的某个状态代表软件状态空间中的某个坐标，而这个坐标由所有软件内部数据结构中的值来确定。

状态空间由软件内部所有变量的笛卡尔积构成，包含着天文数字般庞大的不同状态，这些状态决定着软件接收输入后产生什么样的输出结果。

软件内部的状态数量是惊人的。理论上，我们需要对应用程序的每个状态进行测试，并考虑所有可能产生这些状态的输入。即使是小型应用程序，这也很难实现，更不用说中型或大型应用程序了。如果我们把软件看作是一个状态机，一个输入就会导致软件从一个状态转移到另一个状态。要绘制出所有状态，可能需要相当多的纸张，差不多得消耗掉一大片森林。

以购物为例，我们必须确保无论购物车里有哪些商品，都能完成“结账”这个输入操作。显然，从功能上讲，不同商品组合并没有本质区别。[①] 我们可以将重点放在测试一些边界值上，如清空购物车后再尝试结账，而非逐一测试不同商品组合在购物车中的情况。我们将在后续章节中讨论这个策略。

3.4.2 如何测试软件状态

我们知道，软件的状态会随着应用程序在其运行环境中接收输入而变化。随着不断输入和存储，软件状态持续发生变化。我

---

① 我们再次回到等价类的概念上。如果它们真的只是幻觉，软件测试人员的麻烦可就大了。

们的目标是测试这些变化。软件是否正确更新自身的状态？应用程序的某个状态是否导致部分输入出现错误？应用程序是否进入了它不应该进入的状态？接下来，让我们详细讨论如何测试输入与状态之间的交互。

如前所述，输入变量、它们的值的组合以及输入的顺序都增加了测试的复杂性。然而，状态这个新的维度增加了测试人员的挑战。因为软件能够记住之前的输入和状态，这些不断叠加的变化催生了软件状态的概念。软件能够记录用户的操作，因此状态可以被视为用户输入的历史记录。

软件状态随着应用程序接收输入而改变，因此测试状态需要更多的测试用例，并要求持续地执行、中止和重新启动应用程序。对测试人员而言，如果投入时间观察输入对系统的影响，就能观察到状态的变化。如果我们输入的某些值被软件显示出来，则表明这些值已被保存在软件内部，成为应用程序当前状态的一部分。如果软件在接收输入后执行的计算操作能够被重复执行多次，也表明输入已被软件内部保存。

软件状态也可以理解为软件对之前所有输入和输出的记忆。状态可能是临时的，例如，在应用程序执行过程中，一些数据可能仅记录在内存中，应用程序关闭后，这些数据便会丢失。状态也可能具有持久性，例如，一些数据可能存储在数据库或文件中，以便程序在后续需要时可以检索。这两种情况统称为“数据的作用域”。测试软件中数据的作用域是否正确同样非常重要。[①]

---

① 数据作用域要是出错就会导致安全隐患。想象一下，输入一个信用卡号码，这个号码只能一次性使用。要验证该卡号没有被错误地变成持久化的状态，我们必须重新执行应用程序来进行测试。

许多临时性和长期性的数据对用户而言不可见。我们只有通过观察这类数据对软件行为的影响，才能识别它们。如果同样的输入导致两种完全不同的输出，那么应用程序当时的状态肯定不同。例如，假设有一款控制电话接听的软件，其输入为“接听电话”，这可能涉及拿起电话机接听或按下手机上的接听键。根据这个软件当前状态的不同，我们会得到完全不同的输出结果。

- 如果电话未连接到网络，输入“接听电话”就不会有任何反应，或者只能收到错误响应。
- 如果电话当前没有响铃，就意味着没有来电，输入“接听电话”可能会听到拨号音（如果是通过电话线）或显示最近的已拨号码供回拨（如果是通过手机）。
- 如果电话当前正在响铃，就意味着有来电，输入“接听电话”将接通电话，可以正常进行通话。

这里涉及的状态包括网络连接状态（是否已连接）和来电状态（是否有电话拨入）。这些状态值与输入值（本例中为“接听电话”）的组合决定着软件将产生何种响应或输出。测试人员需要根据自己的预算和时间，以及对最终用户的风险预期，尽可能尝试更多可能的状态组合来测试软件。

无论从局部还是全局，输入和状态之间的联系都是测试过程中的重点和难点。本章专注于局部探索式测试，接下来要提供一些建议。

- 使用状态信息来帮助寻找相关的输入。测试输入的各种组合是测试的基本技能。如果两个或两个以上的输入项存在某种关联，应将它们组合在一起进行测试。例如，假设我们正在测试一个购物网站，该网站上购物可以使用优惠券，但优惠券不适用于打折商品。如果我们只测试购物车中无打折商品时使用优惠券的情况，忽略购物车中含有打折商品时使用优惠券的测试，那么可能导致网站商家遭受经济损失。我们必须关注状态（如购物车中的商品及其价格）对结果的影响，以此来判断开发人员是否犯了错误。一旦确定了输入和状态之间的关联（如本案例中的打折商品、优惠券和购物车），我们就能系统地组合它们来测试应用程序，确保覆盖所有关键场景。

- 使用状态信息来识别。当一个输入导致状态更新时，继续使用相同的输入会导致状态持续更新。如果状态变化以某种方式累积，我们就得担心是否会发生溢出。内存中是否储存了过多的值？一个数值是否超出其长度限制而变得过大？购物车是否被装满？存放数据的列表是否增长得过大？在测试过程中，尝试观察被测应用中状态变化的累积效果。继续使用相同或不同的输入来测试软件在这种状态下的反应。

3.5 代码路径

在测试过程中，应用程序会持续接收输入，其内部状态也会不断变化。应用程序本身会按照设计要求，逐行执行代码。一连串的代码在软件中构成一条代码路径。通俗地讲，代码路径由一连串代码语句组成，软件从调用某条语句开始运行，直至执行某条特定语句结束。

因此，一个应用程序可能存在大量不同的代码路径。仅一条简单的分支语句（例如 IF/THEN/ELSE 语句）就会导致两个分支，这就要求测试人员创建不同的测试用例，以此来覆盖 THEN 分支和 ELSE 分支。多分支结构（如 CASE 和 SELECT 语句）会导致三个或三个以上的分支。因为分支结构可以相互嵌套并紧密排序，所以对于复杂代码，实际路径的数量可能非常大。

测试人员必须明确知道程序里有哪些分支，并了解哪些输入会使软件执行哪些分支。这并不容易，特别是在无法访问源码或不使用能够将输入映射到代码覆盖的工具的情况下。这可能导致未覆盖的代码路径上的缺陷无法被检测到。

分支只是增加代码路径数量的一种结构类型。循环结构可能导致代码路径数量大幅增加。在循环条件的值变为FALSE之前，循环语句会持续执行。一般来说，循环条件的取值和用户输入息息相关。例如，当用户决定停止向购物车添加新商品并开始结账时，程序将停止执行添加商品的代码，转而执行结账代码。

在本书中，我们会提供多种详细的策略来提高测试人员对代码路径的覆盖率。

3.6 用户数据

当软件需要存储大量数据，无论是通过数据库还是复杂的用户文件集，测试人员都面临着一个不可避免的任务：在测试环境中配置相应的数据存储环境。简而言之，任务是创建一个数据存储环境，该环境包含的数据应尽可能地模拟软件的真实用户数据。但实际达到这一目标是非常具有挑战性的。

首先，真实场景中的数据库，由于用户数据的长期累积和频繁更新，会变得非常庞大。然而，测试人员的测试周期是有限的，通常只有几天到几周时间来完成测试，因此他们必须在更短的时间内配置测试数据。

其次，测试人员通常不熟悉真实用户数据中的复杂关系和结构，也缺乏有效的方法去推断这些数据。因此，软件在测试环境中可能运行正常，但一旦部署到生产环境并使用真实用户数据，就可能出现问题。

测试环境的数据库配置往往与生产环境有很大的区别。海量数据通常需要存储在成本较高的数据中心，但测试人员在测试环境中通常不具备这样的条件。因此，唯一的选择是使用规模小于生产环境的数据库配置，并在有限的时间内完成测试。

聪明的测试人员可能会想出一个简单的解决方案来处理所有需要真实用户数据的复杂情况。例如，我们可以与参与 beta 测试（即验收测试）的真实用户建立良好的合作关系，然后将应用程序连接到包含该用户数据的数据库进行测试。但是，测试人员在使用这些真实数据时必须非常谨慎。假设我们的应用程序能够新增和删除数据库中的数据，在测试删除功能时（尤其是自动化测试）可能会给原始数据所有者带来不必要的麻烦。因此，测试人员需要额外花时间备份和恢复这些数据。

最后，处理真实用户数据时引入了另一个问题，即用户隐私问题，这让我们感到非常焦虑。

用户数据通常包含敏感信息，包括个人身份信息 PII（personally identifiable information）。在当前网络诈骗和身份盗用频发的时代，这个问题尤为严重。你肯定不想让这些数据暴露给测试团队。因此，在使用真实用户数据时，处理个人身份信息必须非常谨慎。

显然，无论是否使用真实用户数据，测试人员都会面临挑战。

3.7 运行环境

即便我们通过各种用户输入、状态组合和数据覆盖了所有代码路径，也无法保证软件在未测试的新环境中安装后不出现错误。环境本身也是一种输入源，因此测试人员应确保在发布前在多种不同的用户环境中对软件进行测试。

运行环境包括哪些要素呢？这取决于你正在测试的应用程序。一般来说，运行环境包括应用程序所依赖的操作系统及其配置，以及在同一个操作系统上可能与被测应用程序交互的其他应用程序。此外，还包括被测软件所依赖的驱动程序、代码、文件和配置等，这些都可能间接或直接影响软件的输出结果。应用程序的当前网络连接状态、带宽和性能等也是运行环境的组成要素。

与用户数据的被动影响不同（它们等待软件处理），运行环境主动与被测软件进行交互。它为我们的软件提供输入，同时接收软件的输出。运行环境不仅包括像 Windows 注册表这样的资源，也包括安装在系统上并与被测软件共享组件的其他应用程序。不同运行环境带来的众多影响因子，我们无法全部重现。我们如何找到所有设备来重现所有用户可能使用的运行环境？即使我们有充足的硬件设备，测试过程中如何选择适合的运行环境进行测试仍是一个问题。显然，我们无法覆盖所有运行环境。但是，任何测试人员都可能遇到过这样的情况：测试用例在一台机器上运行良好，却在另一台机器上出现故障。运行环境至关重要，且其影响对测试人员来说难以预测和测试。

小结

输入、状态、代码路径、用户数据和运行环境等要素使得软件测试变得非常复杂。事实上，无论是选择预先编写测试计划，还是在测试过程中运用探索式测试方法不断调整计划以应对复杂变化，软件测试的全面性都是一项极具挑战性的任务。最终，无论我们采取何种方法，软件测试的复杂性都会使得全面测试变得非常困难。

然而，探索式测试的优势在于它鼓励测试人员在测试过程中进行规划，并使用在测试期间收集到的信息来决定后续的测试策略。与优先编写测试计划的方法相比，这是一个显著的优势。想象一下，如果在赛季开始前就要求你预测超级碗或英超联赛的冠军，如果不了解球队的应对比赛能力和状态，以及关键球员的潜在伤病，是很难做出精准预测的。但随着赛季的进行，我们会得到更多的信息，这将成为我们精准预测结果的关键。同样，软件测试中，探索式测试依赖于软件过去和当前的执行情况、测试期间软件展现的行为以及运行时的各种迹象，通过小规模迭代的方式——即制定计划、执行测试，然后根据测试结果调整计划。

测试本身很复杂，但有效地使用探索式测试可以帮助降低其复杂性，产出高质量的软件。[①]

思考与练习

1. 假设一个应用程序接收一个整数作为输入。当规定该整数是一个带符号且长度为 2 个字节的整数时，该输入值的取值范围是什么？如果换成是无符号且长度为 2 个字节的整数时取值范围是什么？如果换成是有符号且长度为 4 个字节的整数时取值范围又是什么？

---

① 本书没有涉及环境变化和测试的关系，但《如何攻破软件》的第 4 章和第 5 章及其附录 A 和附录 B 都详细讨论了这个话题。

2. 如上题，假设一个应用程序接收一个整数作为输入。当你输入 148 时，软件能够正常工作，是不是可以理解为每次输入 148 或者其他任何一个整数时，该软件都可以正常工作？如果回答“是”，请解释原因。如果回答“不是”，请至少说出两种场景会导致软件输入整数 148 或其他整数时会有不同的行为。

3. 针对上题，除了输入整数，你还会尝试其他哪些输入？ 为什么？

4. 举例说明如何将多个输入组合起来导致软件出错。换句话说，这些输入在单独使用时不会引起软件出错，但只要组合使用，就会导致软件出错。

5. 假如有一个 Web 应用程序，它要求客户提供送货信息，比如姓名、地址和其他一些字段。一般来说，这些信息会在同一个页面进行输入，只有当用户单击“下一步”或者“提交”按钮时，程序才会对这些信息进行检查。这个案例中说的是输入检查还是异常处理？为什么？

6. 举例说明不同的输入顺序导致软件出错的场景。换句话说，如果你按照某种顺序输入多个值，软件可以正常工作，但一旦改变输入顺序，软件可能就会出错。

7. 假如你发现软件在持续运行很长一段时间后出现故障，你认为是以下哪种原因可能导致这样的故障，是输入、状态、代码路径、环境还是数据原因？为什么？

第 4 章　全局探索式测试

善行，无辙迹。（顺自然乘理而行，不造不始，故物得至而无辙迹也。——苏轼注）

《道德经·第 27 章》

4.1 探索软件

第 3 章介绍的技术可以帮助软件测试人员在执行测试用例时实时做出许多局部决策。这类技术既适用于选择原子输入的合适值，也适用于确定这些输入的组合和顺序。本章将讨论测试人员如何基于特性交互、数据流和用户界面中的不同路径选择来做出全局决策。我们应关注那些有助于实现更广泛目标的输入，而非仅关注直接影响单个输入面板的原子输入。探索式测试人员在开始测试前应设定一个全局目标来指导后续的测试活动。在此，我们借鉴旅游行业的概念，通过旅行团、旅行指南、地图和地方特色等内容来类比软件探索式测试的过程。这有助于我们明确测试目的，帮助我们在测试过程中做出正确的决定。

在《如何攻破软件》一书及其系列丛书中，我采用军事概念来类比软件测试[①]，这些书籍专注于软件破解，所以我采用这样的类比来帮助读者在大脑中构建书中讨论的攻击性测试策略。这种做法在我的读者群体中获得了非常积极的反馈，他们认为，这种类比方法不仅有帮助，还很有趣。因此，我将在本书中继续采用这种方法，但本书内容更为广泛，所以我使用的类比也会有所不同。

① 《如何破解软件》《如何破坏软件安全》以及《如何攻破网络软件》。

使用类比的方法来指导软件测试人员非常有效。[①]这种方法可以帮助测试人员选择正确的输入、数据、状态、代码路径和环境配置，在有限的测试时间和预算中获得最大的收益，这正是我们想要实现的切实目标。

测试人员在进行测试时必须做出许多决策。其中一些决策具有全局性，例如如何获取真实数据来模拟用户数据库。也有一些是局部的决策，比如在文本框中选择输入哪些字符串。如果没有正确的思路和指导，测试人员可能会在应用程序界面上毫无目的地寻找潜在的缺陷。可能的结果是只覆盖应用程序流程中的少数分支。

我经常对测试人员说，如果在测试过程中感觉自己是在捉鬼，那么你可能确实在进行无效的测试。[②]如果你发现自己在测试中徘徊不前而无任何进展，那么应该暂停测试，为自己的努力设定更明确的目标。

---

① 然而，不恰当的比喻会误导读者。这里来看一个软件测试行业发展过程中出现的一个有趣的案例。20 世纪 80 年代和 90 年代早期，用来估算湖里有多少鱼的技术被用来类比测试中“缺陷撒播”这个概念。其想法是要估算湖中鱼的数量，人们可以往湖里放入固定数量的某种特定类型的鱼。然后经过一段时间的钓鱼（测试），可以捕获一定数量的原来湖中的鱼和后放进湖中的特定类型的鱼。通过计算被捕获的特定类型的鱼和捕获的全部鱼的比例，便可以估算出湖中鱼究竟有多少。事实上，这种技术已经被测试行业所抛弃，这样的类比毫无用处。

② 电视节目《捉鬼》在美国很受欢迎。这档节目讲的是超自然专家团队（这样的事情可能吗？）在旧建筑和墓地中寻找他们自认为是超自然现象的证据。我的孩子们喜欢这个节目，所以我经常陪他们一起看。里面的鬼故事很棒，但专家却从未证实超自然现象的存在，当然也没有证明它们不存在。从娱乐的角度看效果挺好，但对测试来说没多大用处。如果你既不能肯定也不能否定软件中是否存在缺陷（或者说软件是否按既定的方式工作），就说明你的测试工作没有做好。也许，你可以去参加这种电视节目。

遇到这种情况时，使用类比的方法可以帮助测试人员在探索某个应用程序时明确测试目的和测试策略。至少，这可以帮助他们在头脑中构建相关的概念。对于一个探险家来说，有一个可以追求的目标总比漫无目的好得多。类比方法的指导能为测试人员设定明确目标，并帮助他们了解如何实现这些目标。如果类比方法设定的目标能引导测试人员做出全局或局部决策，他们就不会毫无目的地进行测试。类比方法可以帮助测试人员以一种更为系统的方法来组织测试活动，处理软件既复杂又多样的功能。本章将探讨如何通过类比方法，尤其是将测试人员比作旅行者，来指导探索式测试策略和产品功能全局决策。

在寻找一个适用于探索式测试的类比时，理解探索式测试的精髓和目的非常重要，这样我们才能确保用类比的方法是有帮助的。探索式测试有以下几个目标。

- 理解应用程序的工作原理、接口特性及其功能实现：新加入项目的测试人员，以及希望识别测试切入点、难点和编写测试计划的人员，通常会设定这样的目标。有经验的测试人员也会设定这样的目标来探索应用程序，深入理解测试需求，以及发现尚未探索的新功能。
- 强制软件展示所有功能：指在软件运行过程中为其设计难题，促使其执行。这种方法可能揭示缺陷，也可能不会，但它肯定能证明软件是否实现了设计要求的功能和满足了用户需求。
- 发现缺陷：探索式测试的优势在于探索应用程序的极端情况，发现其潜在问题。这一目标要求在探索时有明确的目的，而非无目的的探索。探索式测试人员不应该局限于寻找缺陷，而应该专注于有目的和意图的缺陷发现过程。

正如真正的探险家很少在没有制定详细策略和周密计划的情况下开始冒险之旅，聪明的探索式测试人员也不例外。他们会尽可能覆盖那些比较复杂的功能、用户可能用到的功能以及最可能出现缺陷的地方。这个任务比破解软件更为复杂，所以我们需要一个新的类比来描述它。我能想到的最恰当的类比是将测试人员比作前往新目的地探险的旅行者。我把这个类比戏称为“漫游测试”，以此向阿兰·图灵最初提出的图灵测试致敬。

4.2 旅行者隐喻

设想你第一次参观一个大城市，如英国伦敦，这个繁忙的国际大都市会令新游客感到困惑，不知道应该参观哪些景点以及做些什么事情。事实上，即使是最富有、时间最充裕的游客也很难看全伦敦这个大都市的方方面面。同样的道理也适用于装备精良、试图探索复杂软件的测试人员。即使拥有全世界的资源，也无法保证对软件进行全面测试。

一个聪明的旅行者如何确定游览伦敦的最佳出行方式？是小汽车、地铁、公交车还是步行？如何在有限的时间里游览尽可能多的地方？如何规划最短的交通路线去参加更多活动？如何确保不错过所有最好的地标和景点？遇到困难时，应该向谁寻求帮助？是雇佣导游还是尝试自行解决？

针对上述问题，我们需要制定相应的策略和目标。旅游的目的影响着游客的时间安排，以及确定游览城市的哪些景点。临时过夜的机组人员与学生旅行团在行程上通常有很大差异。游客的目的和意图在实际策略的选择上起着举足轻重的作用。

我第一次独自去伦敦出差时，采取了简单漫步街头的探索策略。除了一个模糊的想法——寻找一些酷的东西，我没有在旅行指南、旅游路线或其他指南上花心思。事实证明，酷的东西在伦敦比比皆是，尽管我走了一整天，但还是完全错过了许多著名的地标。因为不确定那些著名地标的具体位置，所以我常常只是看到它们，而没有停下来好好欣赏。我看到了所谓的大教堂，即圣保罗大教堂，但我没有意识到欣赏它的重要性和历史意义。当我走累了转而乘坐地铁时，我失去了方向感，随意从一个地铁口出来，随后就找不到北，不清楚自己所在的位置，也不记得之前走访过的地方或走过的范围。我感觉自己看了很多东西，但实际上看到的顶多只表面。从测试的角度来看，这种对测试覆盖率的错误估计是非常危险的。

我在伦敦的旅游经历真实反映了我在手工测试和自动化测试[①]中经常观察到的现象。作为一个随心无所欲的旅行者，如果未曾有幸重返伦敦进行更有条理的探索，我可能会错过许多精彩。作为测试人员，我们的首次测试可能也是唯一深入了解和探索应用程序的机会。我们不能承担无目的闲逛的代价，也不能接受遗漏重要功能或缺陷的风险。我们必须让每次测试都有收获。

我的第二次伦敦之行是和我妻子一起去的。她喜欢紧凑而周密地安排行程，因此购买了旅游指南，我们的口袋塞满了旅游手

---

① 设计自动化测试和手工测试没有本质上的区别。两者都要求同样的设计原则，但最主要的区别在于执行方式。拙劣的测试设计原则会把手工测试和自动化测试搞砸，而自动化测试只是比手工测试运行得更快而已。事实上，我坚持认为所有好的自动化测试都来源于手工测试。

册，预定了大红巴士旅游团，并雇了当地导游带领我们步行游览。在导游带领我们游览之余，我们也采用了之前那种随意的闲逛。毫无疑问，与我之前的闲逛相比，有导游带领的旅行使我们用更短的时间参观了更多有趣的地方。然而，这两种方式也可以相互补充。我妻子的旅游方式常能发现值得深度探索的有趣的小街小巷，这时我随意的旅游方式就能发挥作用，让我在闲逛中发现一些酷的地方，之后我们可以请导游带我们进一步探索。有导游周密安排与自由风格这两种漫游技巧就这样实现了无缝对接。

在旅行中，结合周密安排与自由风格可以带来益处，探索式测试也不例外。有许多旅游类比的测试方法，它们可以帮助我们使探索过程更加系统化，并比仅使用自由风格的测试方法更快、更彻底地完成应用程序测试。本章我们将讨论漫游测试技术。在后面的章节中，我们会实际应用这样的漫游测试技术，并把它作为更庞大的探索式测试策略的一部分。许多漫游测试技术适用于更广泛的测试策略，并能与传统的基于场景的测试相结合，从而准确地指导测试活动的组织。但目前，本章所描述的漫游测试旨在提供一个初步印象，作为后续章节中更系统地应用时的参考。

4.3 漫游测试

任何关于测试计划的讨论都应该始于分解，将软件划分为更易管理的小块。这里，我们引入了基于特性（feature）的测试概念，以便根据应用程序的特性分配测试资源。这种做法虽然简化了测试资源的分配和进度控制，但也带来了相应的风险。

一个特性很少完全独立于其他特性。不同特性之间通常共享应用程序资源，处理相同的输入，以及操作相同的内部数据结构。因此，单独测试某个特性可能无法发现只有在不同特性之间交互时才出现的缺陷。

幸运的是，在将测试类比为旅游时，我们不需要按照上述方法进行拆分。相反，我们认为应基于测试目的而非应用程序的固有结构来进行划分。就像一个即将度假的游客，其目的是在最短时间内游览更多景点。对于测试人员而言，也应以类似的方式来组织测试活动。一个真正的旅行者会计划参观的景点和地标，同样，测试人员可以选择应用程序中的多个特性组合，并有目的地执行特定的测试活动。这里所说的特性组合通常需要以新的方式组合应用程序的多个特性和功能，这在严格基于特性的测试模式下是做不到的。

旅游指南通常把一个目的地划分为多个区域，如有商业区、娱乐区、剧院区和红灯区等。对于真正的游客，这样的划分通常表示物理上的分界线。对于软件测试人员，这仅仅是从逻辑上对应用程序特性进行划分。毕竟，距离对软件测试人员而言不是问题。相反，软件测试人员应以不同的顺序执行特性，以探索应用程序的不同运行路径。因此，我们对旅游指南提出了一种不同的观点。

为了便于组织，我们将软件特性划分为相互重叠的区域。它们分别是商业区、历史区、旅游区、娱乐区、旅馆区和旧城区。以下提供所有区域及其相关特征的概述。之后我们将分别讨论适用于各个区域的旅游指南（即测试方法）。

- 商业区：城市中的商业区在早晚会出现上下班高峰，工作时间内高效紧张，而下班后则转变为悠闲的社交。商业区内有银行、办公楼、咖啡馆和各种商场。对于软件，商业区是实现业务功能的核心区域，位于软件启动与关闭之间，包含用户所需的各项功能和特性。商业区相当于软件包装盒背面所描述的，常见于市场营销和销售演示中的功能，以及支持这些功能的代码。
- 历史区：许多城市都有历史古迹或发生过某些历史事件。游客们喜欢这些充满神秘感的历史遗迹，因而历史区成为极受欢迎的地区。对于软件而言，其历史区包含遗留代码以及曾经有缺陷的功能和特性。与真实历史类似，遗留代码通常难以理解，开发人员在修改或使用这些代码时常常需要猜测。因此，在软件测试中，“历史区”的测试目的是检验这些遗留代码。
- 旅游区：许多城市都设有专为游客设计的区域。软件中也存在一些特性和功能，老用户可能不常使用，但对新用户却极具吸引力。
- 娱乐区：游客在游览完所有景点和名胜古迹后（或感到疲劳时），常常寻求轻松的休闲和娱乐活动来充实假期的闲暇时光。软件同样具备辅助性功能，相应的测试方法可以用来检验这些特性。该区域的测试方法能够弥补其他区域测试的遗漏，使测试计划更加完善。
- 酒店区：游客到达任何一个目的地城市后，都需要一个晚上能够休息的地方，以恢复一天忙碌后的体力，或等待恶劣天气的结束。正如我们所见，即使软件看似在“休息”，实际上它仍在忙碌运行。因此，这个区域的测试方法旨在检验软件在“休息”状态下的实际忙碌特性。

- 旧城区：所谓的旧城区，指旅游指南很少记录和旅游团队很少涉足的不受欢迎之地。这里不安全，最好避免前往这些地方。然而，这些地方仍然吸引了一些寻求刺激或有特定目的的游客。因此，测试这类区域成为测试人员不可或缺的一部分工作，因为在此区域他们可能发现缺陷，而这些缺陷可能导致用户在使用时感到不满。

4.3.1 商业区测试

城市的商业区在上下午高峰时段以及午餐时间都非常繁忙。商业区也是完成工作的地方，这里设有银行、办公楼等，但这些对游客通常没有太大吸引力。

对于软件测试人员，情况并非如此。用户购买并使用软件的原因在于其能够“完成用户所需的业务”。在进行市场营销宣传时，通常会强调这些功能。如果你调查客户使用软件的原因，他们很可能会提到这些特性。

商业区测试主要集中于重要特性，并指导测试人员利用这些特性来覆盖软件的功能路径。

1. 旅游指南测试法

为游客准备的旅游指南通常事先选定一些景点（可控制的），里面会挑选最好的酒店、最优惠的价格以及最有吸引力的景点，但不会提供这些地方的过多细节，也不会给游客过多的选择。旅游指南中的景点都是专家亲自考察过的，后者会指导游客如何充分享受这些景点，使其在一次参观中获得最大的收益。

我认为，许多游客未曾涉足旅游指南没有推荐的地方。城市必须确保景点的清洁、安全与友好，以吸引游客消费并吸引他们再次光临。从测试的角度来看，访问这类热门地点至关重要，因而使得商业区上的测试策略成为整体策略中的关键部分。正如城市希望游客享受旅游体验，我们也希望用户能够有好的体验，享受产品。因此，软件的主要特性必须可用、可靠并能如广告宣传那样有用。

在探索式测试中，类似旅游指南的文档是用户手册，既可以是打印版，也可以是在线帮助的形式。我常将此称为“F1 之旅”，其中 F1 是系统帮助功能的快捷键。

采用旅游指南测试法时，我们像谨慎的旅行者一样，严格遵循用户手册的建议，不偏离其指导。当手册描述某个特性及其使用方法时，测试人员应特别关注相关的操作指令。我们的目的是尽量忠实地执行用户手册中描述的每个场景。许多帮助系统只描述功能而不涉及场景，但几乎所有的帮助系统都会说明如何使用特定的输入和用户界面操作来执行软件功能。因此，这个测试方法不仅验证了软件确实实现了所描述的功能，同时也验证了用户手册的准确性。

这种测试方法有一种变体，称为博客测试法，这种方法要求测试人员遵循第三方建议来进行测试。另一种变体是专家测试法，这种方法要求测试人员基于愤怒评论家的批评来设计测试用例。你会在各类在线论坛、测试社区、用户实时通信工具中发现这些信息。如果软件像 Microsoft Office 流行，你的书架上可能也会有这些信息。还有一种实用的变体方法，称为“竞争对手测试法”，这种方法要求测试人员根据前面提到的针对竞争对手系统的建议[①]来进行测试。

旅游指南测试法（包括它的变种测试法）用于测试软件是否提供了广告中宣传的功能。这是一种直观的测试方法，要求在测试过程中警惕任何与手册不符的情况，并及时上报缺陷。最终，可能只需更新手册以反映实际情况。但无论如何，你已经帮到了用户。旅游指南测试法会促使你像用户一样串联软件的各项功能，并促使它们相互交互。因此，在此过程中发现的任何缺陷可能都非常严重。

在第 6 章“探索式测试实践”中，会给出几个旅游指南测试法的案例。

2. 卖点测试法

每个吸引游客的地方必定有充分的理由让人们前来参观。例如，拉斯维加斯以赌场和林荫大道吸引游客；阿姆斯特丹以咖啡店和红灯区著称；埃及则以金字塔闻名。没有这些景点，这些城市可能会失去吸引力，导致游客把钱花到别的地方。

软件也不例外，用户购买软件总是有其原因的。如果确定某些功能可以吸引到用户，那么这个功能就是软件的卖点。对探索式测试人员而言，关键任务是识别出软件的卖点功能，这在本质

---

① 使用竞争对手系统的用户手册来测试自己的应用程序是一种新颖的测试方法。当竞争对手的产品在市场中占领导地位并且你试图用自己的产品取代它们时，这个方法就非常有效。在这种情况下，那些由竞争对手产品迁移过来的用户很可能习惯于以之前产品用户手册上描述的操作方式来使用你的产品，因此，你可以用与这些（有希望）迁移过来的用户以同样的方式探索你的应用程序。最好让你以游客身份来进行这样的旅行，而不是让用户以自己的方式去发现你的软件是否满足他们的需求。

上意味着追踪可能会带来收益的特性。这些卖点和收益直接关联到销售人员的工作。

销售人员会花大量时间给客户演示应用程序。不难想象，销售人员的收入完全取决于他们能否完成销售配额，所以他们通常会熟练掌握软件的使用，并掌握一些吸引客户的小技巧，使得软件在演示中显得格外出色。他们还擅长简化演示流程以确保演示过程顺利，并能经常提出一些推销产品的创意。但这些创意并不局限于任何特定需求或用户故事。总之，销售人员是卖点测试法的理想信息来源。

使用卖点测试法的测试人员应该参加销售演示，观看演示视频，并随同销售人员与客户进行交流。在执行测试时，测试人员只需逐一按照销售演示的功能执行，并观察是否有问题。产品代码在修复缺陷和新增功能时经常被修改，可能演示到一半就无以为继。这时，你不仅发现了一个严重的缺陷，还帮助销售团队避免了可能的尴尬境地，甚至可能挽救了一个订单。通过这个方法，我发现了许多缺陷，让我思考是否应该让测试人员也能拿到销售佣金提成！

这种测试方法有一个强大的变体，称为质疑测试法（Skeptical Customer tour）。这要求测试人员在进行卖点测试时模拟一个客户不断提问，例如“如果我这样做，会怎样？”或“我如何实现那个功能？”面对这些提问，测试人员需要退出当前演示并重新开始一个考虑了新的场景的演示。这种情况在客户演示中经常出现，尤其是在用户购买软件前进行最后的试探时。这种测试方法非常适用于创建针对终端用户关注功能的测试用例。

再次强调，参与销售团队的客户演示并与销售人员保持良好关系，可以为测试人员在使用卖点测试法时提供明显的优势。并能够充分发挥卖点测试及其变种方法的作用。

显然，使用该方法在测试中发现的缺陷非常重要，因为它们可能会被真实客户发现。

第 6 章将提供一些卖点测试法的案例。

3. 地标测试法

自幼成长于肯塔基州的田野、草地和树林里的我，跟着我哥哥学会了使用指南针。相比其他任何地方，他在树林里待的时间似乎更多。他教会我如何利用指南针指向目标方向上的物体来精确定位。过程很简单：用指南针在目标方向找到一个地标（如树、岩石或崖面等），走到那里后再确定下一个地标，如此循环。只要所有地标都沿着同一个方向，你就可以穿越茂密的肯塔基森林。[①]

探索式测试人员在使用地标测试法时也采用类似的方法。我们首先选择一个地标，然后在软件中执行类似于穿越森林时的地标跳跃。在微软，我们依据旅游指南测试法和卖点测试法识别出的关键特性来选择地标。在选择一组地标后，确定它们的顺序，然后从一个地标跳跃到另一个地标来探索应用程序，直到访问列表中的所有地标。在此过程中，记录所使用的地标，并创建地标覆盖图以跟踪工作进展。

测试人员可以通过使用地标测试法创造许多变化。首先选择地标并执行测试，然后增加地标数量并改变访问顺序。

---

① 有一次，我们通过这种方式发现了一个非法酿酒厂，真的是肯塔基州历险记探险。找缺陷的速度肯定比找到这样一个非法酿酒厂的速度快得多。

在微软，第一个在产品测试中使用地标测试法的部门是 Visual Studio 产品部，该部门发现地标测试法最受欢迎，也是最有效的测试方法之一，下面即将介绍的极限测试法排名第二。

4. 极限测试法

我参加过一次伦敦的徒步游，导游是位五十多岁的绅士，声称一直居住在伦敦。同行中有一位游客，精通英国历史的学者，经常向导游提出一些棘手的问题。他并非有意为难导游，只是出于好奇，结合他所学的知识，可这对导游来说可能是个挑战。

每当导游讲解旅行中的特别之处，无论是王尔德在切尔西的故居①和伦敦大火的细节②，还是马匹作为主要交通工具的年代，这位学者都会提出质疑或棘手的问题，使导游难以回答。这位可怜的导游在以往的旅行中可能从未如此吃力过。只要学者一开口，导游就知道自己会遭到挑战，必须保持警惕。最后，导游不耐烦了承认自己实际上只在伦敦居住了 5 年，并且只记了一些导游的说辞。在遇到这位学者之前，他的伪装一直没有被人揭穿。

对于探索式测试，极限测试法就是向软件提出极端的问题。例如，如何使软件充分发挥作用？哪些功能会使软件运行到其设计极限？哪些输入和数据会占用软件最多的处理能力？哪些输入可能会规避软件的错误检查机制？哪些输入和内部数据会在软件产生特定输出时带来压力？

---

① 译者注：奥斯卡·王尔德（Oscar Wilde，1854—1900），出生于爱尔兰都柏林，19 世纪英国最伟大的作家与艺术家，代表作有《不可儿戏》等。

② 译者注：发生于 1666 年 9 月 2 日，持续了三天，是英国伦敦历史上最严重的一次火灾，烧掉了许多建筑物，包括圣保罗大教堂。

显然，不同的应用程序提出的极端问题也不同。对于测试文本处理软件的人员，极限测试法建议创建包含图形、表格、多列布局和脚注等复杂元素的文档。对于测试在线购物系统的人，要尝试下最复杂的订单，例如，我们可以同时积压多个订单吗？我们可以在订单过程中频繁更换信用卡吗？如果我们在数据输入表单的每个字段中都填错了，软件会如何响应？该测试方法对每个应用程序提出的要求不同，但原理都一样：向软件提出最极端的问题。就像学者对待伦敦导游那样，你很可能以同样的方式发现软件应具备的能力和实际展现的能力有差距。

极限测试法的一个变种是傲慢美国人测试法（Arrogant American tour）。顾名思义，每当我们出国旅游时，人们对我们美国人的刻板印象就是傲慢。我们不会提出大难题，而是提出一些愚蠢的问题，这往往会惹恼他人并妨碍旅游，让自己出丑。用该方法进行测试时，我们会故意设置障碍，看软件如何反应。我们不需要制作需要复杂处理的文本文档，而是制作色彩斑斓的文档，把其他页面上下颠倒，只打印奇数页，再把一些东西放在没有意义的地方。如果是购物网站，我们会尝试购买最贵的商品随后立即退货。总而言之，这些行为不一定有意义，但它们之所以存在，是因为软件允许这样做。当然，用户采取类似行动也不足为奇。

极限测试法及其变种能帮助我们发现各种类型的缺陷，从最严重的到最愚蠢的。这取决于探索式测试人员的能力。测试人员要有能力区分哪些是真正令人难以置信的棘手问题（如问伦敦导游是在泰晤士河北面还是南面、这是一个难以回答的问题，但没什么目的），哪些是真正使软件有效的问题。试着创建那些真实用户使用的复杂文档、订单或者其他数据，这样就更容易证明你发现的缺陷确实会影响到用户，应该及时修复。

第 6 章将要介绍阿格波奈尔（Bola Agbonile）如何使用极限测试法来测试 Windows 自带的媒体播放器 Windows Media Player。

5. 联邦快递测试法

联邦快递是快递行业的标杆。他们上门取件并将包裹转运到各个配送中心，然后派送到最终目的地。在联邦快递测试法中[①]，我们会思考数据在软件中的流动，就像包裹通过联邦快递系统在地球上移动一样。一旦有数据输入，它在软件中的生命周期就开始了。首先被存储在内部的变量和数据结构中，然后通常由计算中进行操作、修改和使用。最后，大部分的数据最终会以输出的方式交付给某些用户或某个目的地。

在使用联邦快递测试法的过程中，测试人员必须专注于数据。尝试识别那些被存储起来的输入数据，然后在软件中跟踪它们。举个例子，你在购物网站中输入一个地址，那么这个地址会在哪里展示？哪个功能会用到它？确保测试所有相关的功能，无论是作为账单地址还是购物订单地址。如果被用作购物订单地址，还要确保测试与之相关的功能。如果地址可以被更新，测试人员还要验证更新功能是否正常工作。该地址是否会被打印出来、是否在内部数据中被删除过或需要进一步处理？ 试着找出和该数据有接触的每一个功能，就像联邦快递处理包裹一样，测试人员也应该关注数据生命周期的每个阶段。

---

① 这个测试方法最初由微软的蒙特斯（Tracy Monteith）提出。

第 6 章将要介绍艾利赞多（David Gorena Elizondo）如何用快递测试法来测试 Visual Studio。

6. 深夜测试法

工作总有结束的时候，人们要么回家，要么聚在一起。对城市而言，下班高峰是一天中最拥挤的时段。许多游客也会尽量避免在下班高峰时段前往商业区。

然而，对于测试人员，商业区的业务结束后，虽然主要功能的测试不再需要，但仍有许多其他应用程序需要进行测试。深夜测试法提醒我们，要在应用程序执行维护工作、数据归档和文件备份等任务时进行测试。

深夜测试法有一个衍生方法，称为清晨测试法。如果我们在测试 Zune 时采用清晨测试法，就可以提前发现并避免 2008 年 12 月 31 日第一代 Zune 因死循环导致的程序崩溃。

2008 年是闰年，这一年的 12 月 31 日是当年的第 366 天。在这天，微软的所有第一代 Zune 播放器都发生崩溃且无法恢复。这个缺陷是因为循环中的一个边界错误导致的，代码只考虑了一年最多 365 天的情况。结果，这个循环永远不会结束，导致 Zune 崩溃，这是无限循环的典型后果。代码如下：

```
year = ORIGINYEAR; /* = 1980 */ while (days > 365)
{
        if (IsLeapYear(year))
        {
           if (days > 366)
           {
                  days -= 366;
```

```
                year += 1;
            }
        }
        else
        {
            days -= 365;
            year += 1;
        }
}
```

这段代码会获取时钟信息，然后计算年份，并从365或366天开始倒数，直到能确定具体的月份和日期。但问题在于，当年份为闰年且天数设置为366天时，while循环无法跳出执行，导致Zune进入无限循环的状态。脚本嵌入Zune的启动代码中，因此启动Zune时脚本将自动执行。解决方案是在来年1月1日获取新的时钟信息，以便重置并恢复应用程序的正常运行。一个临时的解决方法是在新年到来前取出Zune的电池，以防止程序执行错误！

7. 垃圾收集法

转运路边垃圾的环卫工人因为需要走街串巷和挨家挨户将垃圾运走，所以通常比居民甚至警察更熟悉附近的社区，他们对路况也非常熟悉。他们有条不紊地在社区里穿梭，在每户人家门口停留一小会儿搬运垃圾，然后再去下一户人家。当然，因为赶时间，所以他们并不会在同一个地方停留太多时间。

对于软件来说，这就像是一个系统性的抽查。我们可以决定需要检查的所有界面，然后像搬运垃圾的环卫工人那样，逐个屏幕、逐个对话框依次采用最短路径进行检查，同时检查那些明显的问题。我们也可以用这个测试方法来逐个测试功能、模块或是其他对我们应用程序来说重要的部分。

垃圾收集法（The Garbage Collector's tour）是通过选择一个目标（如所有菜单项、所有错误消息、所有对话框等），然后通过最短路径访问目标列表中的每一项内容。第 6 章将介绍如何用垃圾收集法来测试 Windows Media Player 和 Visual Studio。

4.3.2 古迹测试

城市中的古迹指的是包含年代久远的建筑和发生过重大历史事件的区域。在波士顿，古迹环绕着整个城市分布，并通过标志性步道（如自由之路）相互连接。在德国科隆，城市中心有一小块被称为‘老城区’的区域，用来纪念城市现代化改造前的样子。

在软件中，古迹可以像波士顿古迹那样分布在不同位置，也可以像科隆的老城区那样集中在同一个区域。对软件而言，古迹指的是遗留代码、旧版本功能以及修复已知缺陷的代码区域。最后一点尤为重要，因为软件缺陷中的‘历史问题’，即那些在旧代码中反复出现的问题，需要特别关注。因此，重新测试那些曾经出现过许多缺陷的代码区域至关重要。这里我们会讨论的各种古迹测试方法，用来验证那些老功能和修复过缺陷的代码。

1. 坏街区测试法

每个值得观光的城市都会有一些不好的街区，游客最好避开这些地方。软件也有这样的情况，缺陷频出的代码段就属于这类坏街区。然而，与真实游客避免不好街区不同，探索式测试人员应花更多时间测试那些缺陷频出的代码段。

随着测试的深入，缺陷会不断被发现并上报。通过将功能模块与其出现的缺陷数关联起来，我们可以追踪产品中哪些区域出现了缺陷。缺陷往往集中出现，[①] 因此缺陷多的模块值得反复测试。一旦确定某个代码段缺陷众多，我就建议采用垃圾收集法测试相关功能，以确保修复已知缺陷的同时未引入新缺陷。

2. 博物馆测试法

博物馆陈列的文物是游客喜爱的地方。史密森尼博物馆和其他自然历史博物馆每天吸引着成千上万的游客前来参观。代码中的遗留代码同样值得测试人员重点关注。本节讨论如何用博物馆测试法来测试软件中的遗留代码。

通过快速查看代码库、二进制文件和汇编文件的创建日期/时间戳，可以轻松识别长时间未更新的遗留代码。许多源码库维护着代码的修改记录，测试人员可以通过研究这些记录发现最近被修改过的代码。

无论是经过修改的老代码文件，还是未改动的老代码，只要运行于新的环境，往往都容易出错。由于原来的开发人员已离开，且相关文档缺失，修改和评审遗留代码变得困难，更别说让开发人员为这些代码段编写单元测试了，因为他们通常只对新编写的代码进行单元测试。在使用博物馆测试法时，测试人员应识别出

---

① 某些特性会有很多缺陷，原因很多，因为开发人员倾向基于特性为项目分配任务，所以某个特性中缺陷的占比和开发人员的能力相关。同时，缺陷也集中于复杂度高的特性周围，因此，编码难度更高的特性会导致更多的缺陷。一般认为，一旦发现某个特性存在很多缺陷，就很有可能在这个特性中发现更多的缺陷。

老旧的代码和可执行文件，并确保在测试过程中对它们进行严格的测试，就像新代码一样。

3. 上一版本测试法

产品更新时，基于上一个版本进行改动的最佳实践是运行之前版本支持的所有场景和测试用例，以此来验证用户熟悉的功能在新版本上是否还能正常运行。如果新版本重构或删除了功能，测试人员就应使用最新版本定义的操作方法。仔细检查新版本中未通过的所有测试用例，以确保不遗漏任何必要功能。

4.3.3 娱乐区测试

任何假期，游客都需要在繁忙的日程中稍作休息。参观娱乐区、看演出或者出去享受一顿安静的晚餐，这些都很常见。前往娱乐区里的目的并不是参观景点，而是填补假期的空白，以游客的身份领略一下当地的悠闲生活。

大多数软件都有满足这些需求的功能。例如，文本编辑器的功能区包括构建文档、编辑内容以及插入图表、表格和插图等功能。另一方面，辅助功能区包括页面布局、格式化文本以及修改背景和模板等功能。换句话说，制作文档是基础工作，而美化文档则是一种创造性活动，它让我们从日常任务中抽离，让大脑稍作休息。

娱乐区测试法侧重于测试辅助功能，而非主线功能，以此来确保主线功能和辅助功能有效并且有意义地结合在一起。

1. 配角测试法

我很高兴在本章开头用伦敦作类比，因为这座城市拥有许多有趣的景点和酷炫的建筑。当导游正在为我们讲解一栋建筑时，我却受到旁边一栋不起眼的建筑的吸引。正当他描述一座历史性的著名教堂时，我却受到一排矮房子的吸引，它们的圆门不到1.6米高，让人仿佛置身于城市中的霍比特人区。还有一次，导游讲述人们同意保留城市公园里的鹈鹕的故事，尽管鹈鹕并未吸引我，但池塘中小岛上一棵根似龙牙的柳树却深深吸引着我。

每当销售人员演示产品或者市场营销人员宣传讲解我们应用程序的某些功能时，用户很容易被当前重点功能周边的那些功能所吸引。配角测试法鼓励测试人员关注那些通常非主要功能，尽管它们与主要功能一起出现。简而言之，功能越接近主要功能，越容易受到关注，我们必须对这些功能给予足够的重视。

举例来说，人们搜索某个商品，找到后一般就直接点击自己搜索的商品，往往忽略同类商品的链接。如果一个菜单中有多个选项，其中第二个选项是最常用的，那么配角测试法会建议你选第三个选项。如果一个购物场景是主要功能，那我们可以选择测试它的商品评论功能。无论其他测试人员从什么角度进行测试，都请把你的注意力向左或向右偏转几度，确保配角也能得到应有的关注。

第6章将要介绍哈根（Nicole Haugen）如何在Dynamics AX客户端软件中使用配角测试法。

2. 后巷测试法

在许多人看来，一次满意的旅行是去参观热门景点，而失望的旅行可能是去那些鲜为人知或不那么热门的地方，例如参观公共厕所或城市的工业区。例如，迪士尼乐园或电影制片厂的幕后区域通常不对游客开放，但这里可以观察到这些公司是怎么运作的。探索式测试关注的是最不吸引用户注意且用户最不可能使用的功能。①

如果你的团队跟踪产品功能使用情况并维护功能使用频率表，后巷测试法则建议测试人员关注那些使用频率低的功能。如果你的团队跟踪代码覆盖率，后巷测试法也要求测试人员去测试那些尚未覆盖到的代码。

后巷测试法的一个有趣变种是混合测试法，它基于后巷测试法的核心思想。混合测试法旨在结合测试最受欢迎的功能和最不受欢迎的功能。可以将混合测试法视为结合大型地标和小型地标的地标测试法。这些功能以意想不到的方式相互作用，因为开发人员不曾想过它们会在同一个场景中结合使用。

不同功能之间的相互影响

在你的测试生涯中，无疑会出现这样令人沮丧的情况：全力测试了一个功能且未发现缺陷，但只要该功能与其他功能交互，就可能出现失效。事实上，我们需要对应用程序的所有功能进行

---

① 读者可能会问这些功能是否值得测试。我觉得这样做非常重要。如果产品中已经包含某项功能，就说明这个功能对某个人很重要。对于微软和谷歌这样的公司，用户群相当庞大，即使是不那么受欢迎的功能，也可以在一天内被使用数百万次。在这种情况下，真的没有什么功能是不重要的。当然，尽量多根据功能的使用频率来平衡测试成本的占比不失为明智之举。

分组测试，如两个或三个功能一组，确定它们是否可能相互影响并导致软件失效。显然，采取完全详尽的测试策略并不现实，且在大多数情况下并非必要。相反，我们可以通过一些方法来确定是否需要将两个特性组合起来做测试。

我喜欢将这样的难题细化为一系列小问题，方法是先选择两个功能作为测试对象，然后思考以下问题。

- **输入问题**：这两个功能会不会处理同一个输入？
- **输出问题**：这两个功能是否在可见的用户界面上操作同一块区域？它们会生成或更新同一个输出吗？
- **数据问题**：这两个功能是否会操作它们共享的一些内部数据？它们是否会使用或修改相同的内部存储信息？

如果以上任何一个问题的回答都是“是”，那么这两个功能就会相互影响，并且需要放在一起测试。

第 6 章将介绍如何在不同的测试任务中使用后巷测试法。

3. 通宵测试法

通宵测试法也称为“夜总会测试法”，强调的是持续测试过程，类似于在夜总会熬夜狂欢的人。许多人认为，通宵达旦地狂欢考验着人的身体素质。你能坚持到最后吗？是否能熬过整宿？

类似地，通宵测试法也考验着应用程序的耐力。这对软件是一个巨大的挑战，因为如果软件持续运行，内存数据的不断积累和变量值的频繁读写可能导致内存泄漏、数据损坏或竞争条件等问题。通宵测试法的核心在于持续运行应用程序，避免关闭和重新打开，因为这会重置时钟并清除内存。测试人员会让程序持续运行，并使文件保持打开状态。

有时为了避免任何可能导致重置的情况，测试人员甚至可能选择不保存文件。在持续使用所有资源的同时，测试人员还会采用其他测试方法以维持软件的工作状态和数据流动。如果测试人员这样做的时间足够长，可能会发现其他测试人员发现不了的缺陷，因为软件一直处于运行状态，没能通过重启对内部状态进行清理和重置。

许多团队会配置专用计算机来持续执行自动化测试，这些计算机不会关闭。对于移动设备，由于它们在正常使用中可能连续几天不关机，因此进行此类测试尤为重要。如果重置分为不同的阶段，如睡眠模式或休眠模式，只要软件本身保留状态信息，测试人员都可以或多或少地使用这个测试方法。

4.3.4 旅游区测试

任何一个重视旅游的城市都有专供游客聚集的地方。这里到处都是纪念品商店、餐馆和其他吸引游客消费的商业设施，目的是保证当地商人有利润。在这里，游客可以购买各类收藏品，享受各式服务。

旅游区的测试风格多种多样，类似于执行简短且目标明确的测试用例，游客可能选择短途旅行来购买纪念品，或者选择长途旅行来打卡目的地清单上的所有目标。这些测试方法的目的并不是确保软件正常工作，而是快速遍历软件的多种功能，类似于游客访问多个目的地以丰富旅行体验。

1. 收藏家测试法

我的父母有一张美国地图，上面的每个州分别涂了不同的颜色。这些州一开始都是白色的，他们在假期中每到一个州旅游，就会在地图上把这个州涂上颜色。他们的目标是走遍所有50个州，并且不遗余力地增加打卡的州数量。有人可能会说，他们正在努力达成周游所有州的目标。

有时，在旅途中可以收集一些免费的赠品。也许是参加一次品酒会或逛市集，那里有摊位让小朋友制作工艺品。例如，有些人可能想要给博物馆里的每座雕像拍照，有些女士希望她们的孩子能在迪士尼乐园见完所有卡通人物，还有些人可能想要拿走超市里所有的免费样品。这种追求全面的心理对探索式测试人员而言很有帮助。

对于探索式测试人员，他们还会收集反馈并保证测试的完整性。收藏家测试法建议测试人员收集软件的输出，越多越好。这个测试方法背后的思想是，测试人员应该访问并记录软件中所有可访问的功能和界面，类似于我父母在地图上标记他们走过的州。对于文本处理程序，测试人员需要确保其具备打印、拼写检查、文本格式化等功能。可以创建一个包含各种合理元素的文档，如表格、图表或图形。对于网上购物网站，测试人员需要验证所有货品区的每一笔交易，包括信用卡交易的成败。每种可能发生的结果都必须尝试，直到可以保证自己访问完成每个地方，看到每样东西，完成自个儿的收藏任务。

收藏家测试法的工作量通常很大，因此这类任务通常由团队协作完成。团队成员通常负责软件的特定功能，或者将特定的输出任务分配给收集人员。在准备测试应用程序的新版本时，如果有功能变更，可能需要你舍弃基于旧功能收集的数据，重新开始收集。

第 6 章将演示收藏家测试法如何使用。

2. 孤独商人测试法

我有一个朋友，由于生意的需要经常出差，但我不便透露他的名字，因为相关的测试方法名称不那么好听。尽管他到过许多世界著名城市，但通常只限于机场、酒店和办公室。为了改善这种状况，他采取了一种策略：预定远离办公室的酒店，选择步行、骑自行车或出租车等方式通勤，强迫自己探索城市景点，体验当地风情。

借鉴这个案例并稍作调整，探索式测试人员便可以发展出一种非常有效的测试方法，即孤独商人测试法。该方法的核心是测试那些远离应用程序起点的功能。哪个功能需要多次点击或导航多个页面才能使用？选择它进行测试。这个测试方法的思路是通过尽可能长的路径到达目的地，选择在应用程序中埋藏最深的界面作为目标。

甚至可以在前往目的地的过程中以及到达后应用垃圾收集法进行测试。

3. 超模测试法

说到超模测试法，我希望你更多关注表面特征而不是深入技术细节。这个测试方法并不讨论软件如何执行，而是讨论你对它的第一印象。想象一下有这么一趟旅行，同行的全是美女，这趟旅行之所以吸引人，并非因为它具有深远的意义或能学到很多，而是因为美女们参加旅行的主要目的是展示自己。

理解了吗？在超模测试法中，重点不在于应用程序的功能或实际交互，而在于应用程序的界面设计。评估界面元素是否美观、渲染是否准确和性能表现如何。界面有改动时，图形用户界面是否正常刷新？改动后，屏幕上是否会出现不良的视觉残留？如果软件使用颜色来传递特定信息，那么界面元素的颜色是否正确显示？图形用户界面上的按钮和控件是否符合用户的期望和设计标准？界面是否符合相关的约定或标准？

尽管通过这个测试方法发现的软件可能在其他方面有缺陷，但就像超模一样，优秀的界面设计能够给人留下深刻的第一印象。

超模测试法将在第 6 章讨论的案例中得到广泛应用。与地标测试法和极限测试法类似，超模测试法也被广泛应用于微软的每个试点项目。

4. 测一送一测试法

这个测试方法的命名灵感来自“买一送一”的营销策略，这种策略深受消费者的喜爱。尽管“买一送一”这样的说法在英国比在美国更常见，但它的应用已经不局限于杂货店或平价鞋店。我们将这一概念应用于探索式测试，即通过“测一送一”的方式进行测试，而不是让测试人员去购物。

测一送一测试法很简单，专注于测试同一个应用程序的多个副本是否能够同时正常运行。使用该方法时，首先启动应用程序，其次启动副本，然后启动另一个副本。随后，测试人员指导应用程序在内存和硬盘上执行特定的读写操作。可以尝试让所有副本同时打开同一文件，或同时通过网络来传输数据。如果所有副本尝试同时读写同一个文件，可能会相互干扰，导致程序出错。

为什么要称之为“测一送一”呢？因为如果在任一副本中发现缺陷，则说明所有副本可能都有。第 6 章将演示如何使用测一送一测试法来测试 Visual Studio。

5. 苏格兰酒吧测试法

我的朋友亚当（Adam），即《信息安全探究》一书的作者，在阿姆斯特丹旅游时偶遇一群苏格兰游客，他们的苏格兰短裙和口音明显暴露了他们的国籍。他们都是喜欢品鉴进口酒的泡吧旅游团成员。我的这位朋友加入他们，并参加了这个城市的泡吧之旅，他很快承认，如果没有这些苏格兰人的带领，他永远找不到这些地方。从那些矮旧的餐馆到隐藏在街区中且离大街不远的人群聚集地，散布着许多这样的酒吧。

我想知道我居住的城市有多少这样的酒吧。许多这样的酒吧只能通过口碑或正确的指引来发现。

苏格兰酒吧测试法特别适用于大规模且复杂的应用程序，如微软的 Office 产品以及 eBay、Amazon 和 MSDN 等网站。在测试这些应用程序时，我们必须主动寻找并接触那些能够揭示应用程序深层功能的用户或专家。

这并不意味着这些功能无用，只是它们不易被发现而已。我的朋友亚当讲了他和那些苏格兰人泡吧之旅的很多故事，重点就在于如何找到这些酒吧。

但作为测试人员，我们不能依赖于偶然的机会来发现应用程序的隐藏功能。我们需要与用户群体沟通，阅读行业博客，投入大量时间深入理解应用程序。

4.3.5 酒店区测试

酒店为游客提供休息场所。酒店提供了远离热门景点的环境，让游客得以休息和放松。所谓酒店区测试，指测试人员专注于那些在测试计划中经常被忽视或占比较小的次要功能和辅助性功能，而非主要和广受欢迎的功能。

1. 雨天测试法

我又用上了我的伦敦旅游案例，因为再好的旅游计划也可能因下雨而受阻。如果你在秋冬季节游伦敦并去酒吧，可能会遇到湿漉漉的下雨天，可能会让你想要取消当天的行程。对于游客，我建议不要取消行程。既然已经淋湿了，不如继续前往下一个酒吧，那里可能有更好的体验。对于探索式测试人员，我建议模拟类似的情景，主动使用软件中的“取消”按钮来测试程序的反应。

雨天测试法的核心思想是在操作开始后执行取消操作。我们可以在旅游网站上输入信息查找航班，然后在程序开始执行查找时立即点击取消。也可以打印一个文档，并在文档打印完成前点击取消。我们可以对任何提供取消选项或者需要执行超过几秒钟才能完成的功能进行这样的测试。

探索式测试人员必须寻找应用程序中那些耗时的操作， 充分利用这种攻击手段。查询功能就是一个明显的例子，查询时用一些能让查询时间变得更长的关键词，使这种测试更容易操作。此外，遇到取消按钮时就点击；如果没有取消按钮，对于在浏览器中运行的程序，可以尝试按 Esc 键或 Backspace 键。还可以使用 Shift+F4 组合键或点击窗口右上角的关闭按钮 X 来完全关闭应用程序。还可以试试这样的操作：开始一个操作，不要立即取消，然后在短时间内重复执行相同的操作。

这种测试方法发现的缺陷通常与应用程序无法自行清理有关。当文件保持打开状态、冗余数据阻塞内部变量或系统状态不稳定时，软件可能无法继续工作。因此，在点击“取消”按钮或执行其他类似取消操作后，要花时间检查应用程序，确保其仍然能够正常工作。至少应确保用户取消任何操作后都可以重新执行并成功完成。毕竟，用户有时会取消操作并重新尝试。

第 6 章介绍的案例中将广泛使用雨天测试法。

2. 懒汉测试法

每个旅游团中总有那么一个人对参加活动不那么积极。他双臂交叉站在后面，看起来无所事事，无精打采，让人不禁好奇他为何参加旅游。然而，这种情况通常促使导游更努力尝试吸引那些不太积极参与活动的游客，让他们享受旅行。

对游客来说，这看起来可能是在浪费时间。但对软件测试人员而言，这种情况却提供了独特的价值。懒汉可以成为非常有效的测试人员。测试人员不采取行动，并不意味着软件没有执行操作。正如勤奋的导游努力吸引不积极的游客，软件也会在用户不采取行动时忙着执行 IF-THEN-ELSE 条件中的 else 语句并弄清楚用户将字段数据留空时应该如何处理。当用户拒绝采取主动操作时，程序会按照“默认逻辑”来执行。

所谓的懒汉测试法，是尽可能减少实际操作。这意味着接受程序所有的默认值，让输入框留空、尽可能少填写表单数据、从不点击广告、在进入下一个页面时不点击任何按钮或输入任何数据等。如果在应用程序中有两条路可供选择，懒汉总会选择那条阻碍最少的路。

尽管测试人员可能不进行真实的交互（听起来就有些懒惰），但并不意味着软件不会正常工作，软件必须处理默认值并执行代码以应对空白输入。正如我父亲常说的（我在肯塔基州长大，篮球是我们的主流运动项目，因此我经常与父亲一起观看篮球比赛）："替补席[①]上坐着的家伙是进入不了状态的。"这同样适用于软件中的默认值和错误检查代码。正如替补球员需要激活才能发挥作用，软件中的默认值和错误检查代码也需要正确触发。缺少适当的默认值和错误处理在正式发布的产品中很常见，这可能导致尴尬的情况。

4.3.6 破旧区测试

第 3 章介绍了许多测试技巧。若能将这些技巧整合应用到测试活动中，便能满足破旧区的测试需求。输入恶意数据和进行暴力测试以挑战软件的极限，这些方法非常适用于测试软件的破旧区。

1. 破坏者

在测试过程中，我们利用一切机会对应用程序进行破坏性测试，这就是破坏者测试法。我们会引导应用程序读取磁盘上的数据（如打开文件或使用磁盘资源），随后尝试通过破坏性手段（如损坏相关文件），导致文件操作失败。我们还会在内存有限的计

---

① 译注：又称板凳席。替补席上的队员（尤其是 NBA）必须遵守一些规则，比如着装有规定，庆祝有时间限制，不可以玩电子产品，不可以进入观众席，不可以提前退场。

算机上运行应用程序，或在其他程序占用大量内存时执行内存密集型操作。

这个测试方法可以概括为以下三个步骤。

（1）强迫软件执行特定操作。

（2）了解软件成功完成操作所需要的资源。

（3）在不同程度上限制或删除软件对这些资源的访问。

在这个过程中，测试人员会发现有很多方法可以构建这类恶劣的环境，比如添加或删除文件、更改文件权限、拔掉网线、在后台运行其他应用程序以及把待测应用程序部署在有问题的机器上等等。我们还可以使用故障注入[①]的概念来人为地创造错误的运行环境。

第 6 章将详细描述如何在破坏者测试法中应用故障注入工具以及其他一些简单的机制来测试应用程序。破坏者测试法在微软非常受欢迎，特别是布朗（Shawn Brown），他在测试 Windows Mobile 操作系统时广泛采用了这一方法。

2. 叛逆测试法

泡吧是我的个人爱好，无论是一个人去还是让导游带我，我都很享受这个过程。我记得在一次旅行中，看到一个丈夫显然强迫他的妻子陪他旅行。她完全不想参加，所以当我们走进酒吧时，她选择站在门外。当我们离开时，她却进去喝了一杯。又一次，她对欣赏风景或地标不感兴趣，反而被突然出现的一只松鼠吸引。不管旅行中发生什么，她总是反其道而行之。她的做法非常成功，因为旅行结束时，一位离婚律师游客向这位女士的丈夫递出了名

---

① 运行时故障注入（fault injection）的概念在《如何攻破软件》英文版的第 81 页到第 120 页以及在附录 A 和附录 B 有详细描述。

片。这位律师很幽默，从测试的角度来看，她的行为给了我很大的启发。

探索式测试人员经常尝试做一些特别的事情来挑战软件的极限；友好、善良以及随波逐流并不是实现这个目标的最佳方式。作为一名测试人员，值得有这样的叛逆行为。所以，如果一位开发人员递给你一张离婚律师的名片，你可以将其视为对你测试能力的高度认可。

叛逆测试法需要输入用户最不可能输入的那些数据，或者是已知晓的恶意输入。如果一个真实用户会输入 a，那么测试人员在使用叛逆测试法时就不应该输入 a，而是应该找一些没有意义的输入值。

叛逆测试法的具体实施方法有三种，我将它们总结如下。

第一种，逆向测试法的核心在于利用每一个机会输入用户极不可能输入的那些值。使用逆向测试法的测试人员会选择不符合逻辑的、愚蠢的或荒谬的输入。例如，在测试时，我们可以向购物车中添加极不合理的数量，如 14 963 件商品。想打印多少页？测试时可以输入 -12 页。逆向测试法的本质是在特定字段中输入用户最不可能输入的值。如果这种方法有效，就可以视为对应用程序忍耐力的一种测试 .

第二种，罪犯测试法主要测试应用程序处理非法输入的能力。该方法的思路是输入一些不应该出现的数据。你想不到泡吧的游客会偷酒，但罪犯很可能这么做。违法的游客可能会遇到麻烦或被监禁，而违法操作的测试人员则期望引发错误信息。当我们使用罪犯测试法进行输入时，我们期望应用程序能触发一些错误消息，如果没有出现错误消息，就说明你很可能发现了一个缺陷。

可以输入错误的类型、错误的格式、太长或者太短的输入等。考虑输入的限制条件，尝试着突破这些限制。例如，如果应用程序期望一个正数，就输入一个负数；如果它期望数字，就输入字符。对错误消息的统计非常重要，因为后面几个章节讨论的测试方法在实际应用中会用到这些错误消息。

第三种，叛逆测试法的一种形式是拐错弯测试法，它要求测试人员以错误的顺序执行测试。使用一组合法的输入，把它们的顺序打乱。可以试着在把商品放进购物车之前去结账，试着退还一个并没有购买的商品，或者在完成下单之前修改送货方式。

3. 强迫症测试法

我不知道在现实生活中有人强迫你做某事，这样的旅行是否受欢迎。但因为这种测试法的名称，我将其归类为古迹区测试。我无法想象，一个要求参与者不得踩到人行道缝隙的徒步旅行活动会有谁愿意参加，尽管幼儿园的小朋友可能感兴趣。同样，一辆仅在单条街道上行驶的公交车，如果只是因为司机不想错过某些事情的话，不太可能吸引大量乘客。但将类似的行为应用到测试中可能会有意想不到的收获。

采用强迫症测试法时，测试人员会不断重复输入相同值和执行相同操作。他们会执行拷贝、粘贴、引用等操作，并持续进行这些活动。比如在购物网站上订购一件商品，然后再次订购同款商品，检查是否享受到购买两件商品的折扣。再比如，在屏幕上输入一些数据，然后立即返回再次输入。这些地方往往开发人员未编写充分的错误处理程序，会造成严重的破坏。

开发人员通常期望用户会按照既定顺序、有目的地使用软件。然而，用户在使用过程中可能会犯错，有时需要返回并重新操作。用户通常难以理解开发人员设计的执行路径，所能只能依靠自己的理解来操作软件。这可能导致开发人员精心设计的使用方案迅速变得不再适用。在测试阶段发现这些问题总胜过在软件发布后才发现，因此，确保软件能够应对用户的错误和非预期操作是测试人员需要完成的重要任务。

4.4 漫游测试实战

以上测试方法为测试工作提供了一个框架，并帮助指导测试人员发现更有趣、更有针对性的使用场景，仅采用自由风格测试方法的话，往往难以实现。通过设定目标，这些测试方法鼓励测试人员探索更有趣的使用方式，相比传统的面向功能的测试方法（即每个测试人员单独测试一个功能），这通常更具深度。

功能始终是测试人员关注的焦点。测试经理可以将应用程序划分为不同的功能，并逐一分配给团队中的测试人员。单独测试这些功能可能导致遗漏许多严重缺陷，因为用户通常按特定顺序结合使用这些功能，从而可能触发这些缺陷。这些测试方法为测试人员提供了重要的工具，使他们能够在测试用例的设计和执行过程中发现更多有趣的功能组合。不同功能间的交互测试越多，测试的覆盖就越全面。

在实际应用中我注意到，可重复性是使用这些测试方法的另一个优点。如果仅指示两个测试人员去测试应用程序，他们可能采用完全不同的方法。但如果要求他们使用特定的测试方法，他们将倾向于采取相似的测试手段，并可能发现相同的缺陷。这些测试方法的内在策略和目标提高了它们的可重复性和可移植性。这些测试方法还帮助测试人员学习更优秀的测试设计技巧，因为它们可以指导测试人员理解如何进行测试。

利用实际策略来组织测试还有一个额外的优点，这些测试方法提供了明确的分类，使我们能够根据测试结果的好坏来选择使用哪些方法。在这些测试方法中，某些方法可能比其他方法发现更多缺陷。如果能记录这些发现，便可以在每个测试周期对单独的测试用例进行排序，跟踪哪些方法发现的缺陷最多，以最少的执行时间覆盖更多的代码 / 用户界面 / 功能等。

随着时间的推移，我们可以通过各个项目来完善方法和技术，从而改善测试工作。使用这些测试方法时，能够持续关注并跟踪缺陷，发现可用性或性能问题，或是简单花成本和时间验证功能，你就知道哪些方法对当前项目更为有效。

这些测试方法能够很好地应用在测试团队中，用以分配团队成员的测试任务。随着对这些测试方法日渐熟悉，我们将能够识别出哪些方法发现了哪些类型的缺陷以及哪些方法适用于特定的功能。重要的是要将这些知识整理成文档并将它们融入团队的测试文化中。因此，这些方法不仅是一种测试手段，还是一种组织测试活动、促进测试能力在团队成员间加以扩散和传播的方式。

从许多方面来说，测试的意义在于每次都尽最大努力，并确保下一次能做得更好。旅行者类比有助于我们更好地组织工作，达成目标。

小结

漫游测试是一种机制，不仅可以指导测试人员如何测试应用程序，还能帮助他们组织实际的测试活动。漫游测试的一系列方法可以作为检查表，确保测试点无遗漏，避免被质疑是否考虑周全。此外，这些方法还能帮助测试人员将应用程序的功能与合适的测试技术相匹配。

此外，这些测试方法可以帮助测试人员在多个方面做出决策，包括选择测试路径、输入和参数。在这些决策中，某些决策更贴近当前所使用的测试方法的核心，因此可以被视为更优的选择。这代表测试指南的最高水平。

在微软，这些测试方法被视为一种机制，能够整合各个团队的经验和知识，验证哪些测试方法确实有效。在测试 Visual Studio 的过程中，地标测试法和极限测试法是我们测试团队最常用的。测试人员了解各种测试方法及其应用，并能全面认识到测试覆盖范围和可能发现的缺陷类型。这简化了如何做测试的讨论并成为团队新手测试人员培养过程的一部分。

思考与练习

1. 写下自己的测试方法！参考这一章讨论的测试方法，创造一个属于自己的测试方法。测试方法应该有一个名字，类似于旅行者的类比方法，还要在一些软件系统的测试中使用这个方法，描述这个测试方法是如何帮助测试的。

2. 至少找出两个测试方法，它们给出的测试建议基本相似。换句话说，用这些测试方法完成测试后，可能发现同样的缺陷或者覆盖应用程序同样的功能。举出一个测试场景，说明测试人员使用这两种测试方法后所做的测试工作大致相同。

3. 针对自己最喜欢的 Web 应用（京东或淘宝等），参考本章中介绍的任意 5 种测试方法，创建测试用例。

第 5 章　混合探索式测试技术

一旦你有了好的剧本，它给你带来的麻烦大大超过了一个烂剧本。

——小罗伯特·唐尼

5.1 场景和探索

正如前两章所述，探索式测试融合了大量策略。它将系统思考和自由探索方式有效结合，极大促进了缺陷发现和功能验证。本章将展示探索式测试的思维方式如何与传统基于场景和脚本化的测试方式相结合。这种混合测试技术充分利用前面两章提出的探索式测试指导思想，减少了脚本化测试的局限性，增加了灵活性。它还允许那些高度依赖现有脚本的团队将探索式测试整合到他们的技术栈中。

场景测试之所以受欢迎，是因为它让人们相信产品能够可靠满足真实用户使用场景的需求。越多测试预期的用户使用场景，我们对产品的信心就越强。探索式测试为这个过程增添了变化，使得产品测试更为全面。用户使用软件的方式可能超出我们的预期，因此我们的测试需要覆盖更广泛的变化场景。

基于场景的探索式测试不仅能覆盖单一场景测试无法触及的情况，而且能更准确地模拟真实用户行为。这些用户经常偏离主要使用场景，正如产品设计的多样化变化所允许的那样。我们应当预见用户可能采用的变化，并测试这些变化以确保它们能正常运行。主要的使用场景，毕竟我们的产品确实允许各种各样可能的变化。我们不仅应该预料到用户会使用这些变化，更应该测试这些变化是否能正常运行。

基于场景的探索式测试，其背后的思想是利用已知场景，类似于真正的探险家使用地图来指引自己穿越荒野或其他不熟悉的地形。我们将在本章讨论这些场景的来源。场景类似于地图，描述了在测试过程中要做什么，要选择哪些输入，要覆盖哪些代码路径，但这些场景并不是固定不变的。地图会告诉探险家目的地的位置，并提供多种到达目的地的路线。同样，探索式测试人员会被提供备用路线，并在执行场景用例时探索更多可能的路径。这种测试方法的目的在于测试场景所描述的功能，并给场景添加尽可能多的变化。我们的"地图"旨在发现更多的路线，而不是确定最短的路线。测试的路线越多，对软件在用户手中使用偏离我们期望的场景时能够稳定运行的信心就越强。

据我所知，目前尚未有一个正式的场景定义来指导测试人员。有些场景提供一般性指导，如地图；而另一些则提供详细的逐步说明，类似驾驶指南。场景可以描述输入、数据源、环境条件（例如注册表设置、内存可用性、文件大小等），用户界面元素、输出以及软件使用时应如何响应的具体信息。

场景通常来源于测试人员之外的多个领域。它们可从设计和开发过程中生成的工件中获取。需求文档和规范通常以场景形式描述软件的目标。市场营销部门有时使用产品演示脚本，而敏捷开发模式可能需要创建用户故事。需求文档则通常提供软件预期使用的示例场景。在许多情况下，测试人员的任务是收集而非编写场景。事实上，使用录制或重放工具（如按键记录器）在测试过程中生成的场景也是合法的。第 3 章讨论的漫游测试法是许多高质量脚本和场景的来源。每个场景都可以作为探索式测试的起点。

一般来说，一个有效的场景应该遵循以下原则。

- 讲述用户故事。讲述用户故事的场景通常记录用户使用软件的动机、目的和具体行为。用户故事通常描述得较为笼统，如“用户输入银行卡信息”，而不是具体到“用户点击某个按钮或输入框”这样的细节。测试人员的任务是将这些用户故事细化为具体的测试用例。用户故事是探索式测试极好的出发点。
- 描述需求。需求描述软件所具有的功能，任何规模的软件项目通常都有很多书面形式的需求。描述这些需求的场景应该包括如何使用产品来执行它的功能。
- 演示产品功能。演示产品功能的场景通常非常具体和明确。它们会详细说明使用哪些菜单、点击哪些按钮以及输入哪些数据。这些场景经常出现在在线帮助或打印的用户说明书中。
- 演示集成场景。与其他应用程序集成或共享信息的产品通常都有为它们定义的集成或端到端的方案。在这种情况下，方案记录的是不同功能之间如何协作以及用户如何在一些实际任务中使用那些集成的功能。
- 描述安装和配置。程序安装过程，包括初始化、安装、配置、账号创建和其他管理任务，以及可选的安装标识和自定义配置，都可成为探索式测试的场景。用户手册和在线帮助系统提供了安装和配置场景的宝贵参考。
- 描述警告和异常情况。文档中关于故障排除和维护程序的描述可以构建出优秀的测试场景。这些功能在出错时会被用户使用，所以必须能够正常工作。例如，描述软件遭受非法入侵和篡改的风险模型或攻击树分析，可以作为创建“逆向”使用场景的参考资源。

探索式测试人员要尝试尽量多收集这些分类中的场景。接下来，任务根据这些场景引入合适的变化。选择注入变化的方式赋予这项任务探索性的本质，这是我们接下来需要深入讨论的主题。

5.2 使用基于场景的探索式测试

在测试过程中，测试人员经常利用场景来描述用户意图。场景测试之所以有效，是因为它模拟了真实用户的行为，有助于发现潜在缺陷。若这些缺陷未被及时修复，可能会给真实用户带来困扰。然而，真实用户很少完全遵循场景描述的软件使用方式。用户会根据自己的日程和时间表来自由调整场景中的步骤。我们的任务是评估这些变化，并确保它们得到充分测试，因为它们最可能代表软件发布后用户的实际操作方式。

这种探索式测试通过为场景注入变化来进行。它采用系统思考，通过改变输入选择、数据使用和环境条件，将单一书面场景转化为多个独立的测试用例。这一过程主要通过两种技术来实现：场景操作和漫游测试。

5.3 通过场景操作引入变化

探索式测试与场景测试相结合，有助于测试人员在特定场景中探索各种变化。当场景描述特定操作时，接下来介绍的技术可以改变这些操作，并衍生出新的场景，以测试软件的不同状态和代码路径。当场景描述一般行为时，这些技术有助于测试人员系统地选择可能的变化，然后考虑其他备选路径。

为了实现这一目标，我们引入了“场景操作”的概念。场景操作是对场景中的各个步骤进行操作，以此为场景注入变化。

当我们将场景操作应用于某个现有场景时，会得到一个新的场景，称为衍生场景。测试人员可以将一个或多个场景操作应用于给定的场景，甚至可以应用于衍生场景。在探索式测试过程中，测试人员决定场景操作的范围和深度，可以在测试前或测试中进行。

下面介绍的一些场景操作对大多数测试人员有帮助。

5.3.1 插入步骤

添加额外步骤到场景中可以使测试覆盖更多样化的功能。通过在一个场景中插入一个或多个步骤，可以增加发现软件潜在错误的机会。不同的数据可以导致代码路径以不同的方式执行，软件状态的变化也可能与原始场景预期的不同。额外步骤可能包括以下几种类型。

第一种，增加更多数据：如果场景要求向数据库添加 10 条记录，测试人员应根据需要增加至 20、30 条或更多。如果场景要求添加商品至购物车，测试人员就可以先添加指定商品，随后再加入其他商品。如果场景要求创建新账号，测试人员可以添加超出基本要求的额外信息。增加这些相关数据有时可以揭示额外的缺陷或行为。测试人员应勤于思考："场景中使用了哪些数据？增加数据量将带来哪些影响？"

第二种，使用额外的输入：当场景要求输入多个值时，测试人员应寻找更多可用的输入值。如果场景要求为某个线上购物网站写评论，测试人员也可以对其他用户的评论进行评级。这样做可以帮助我们了解附加功能与场景涉及功能之间的关联，并通过对这些新功能的额外输入进行测试。测试人员应勤于思考："还有哪些相关输入可用于场景中？"

第三种，访问新的界面：除了特定要求的界面和对话框，测试人员也应探索并加入其他相关界面和对话框到场景中。例如，如果场景要求在金融服务网站上支付账单，那么测试人员可以在提交支付前先检查账户余额界面。测试人员应勤于思考："还有其他哪些界面与当前场景相关？"通过这种方式，测试人员可以更全面地探索应用程序的功能，识别可能未被预期的交互和潜在缺陷。

所有步骤最终都应回归至原始场景，实现循环使用。这有助于我们牢记，目标是增强场景效果，而非改变其测试目的。即使场景经过衍生，其核心目的—向数据库添加记录—应保持不变。在这类场景操作中，尽管测试人员可能引入额外的输入、数据量或变化，但场景的核心目的仍然保持不变。

5.3.2 删除步骤

另一种方法是去除冗余和可选步骤，使场景尽可能简洁。这样做可以测试应用程序处理缺失先决条件和依赖功能时的识别能力。

测试人员可以迭代地应用此操作，逐次删除步骤。在此过程中，每次迭代都删除一个步骤，并执行简化后的场景，直至形成一个最小的测试用例，然后停止迭代。例如，一个场景可能要求测试人员登录购物网站，搜索商品，添加到购物车，输入账户信息，完成购买，最后退出。通过每次执行测试用例时删除一个步骤，最终场景可简化为仅包含登录和退出步骤，这是一个既有趣又重要的测试用例。

5.3.3 替换步骤

如果一个场景的特定步骤有多种完成方式，就可以使用替换步骤的场景操作来修改场景。替换步骤是删除后插入步骤的场景操作组合。

测试人员应探索场景中每个步骤或操作的所有替代方法。例如，可以简单地直接使用商品的编号来搜索，而不是通过名称搜索要购买的商品。被测软件提供了这两种搜索选项，所以我们可以通过创建衍生场景来测试替代步骤。网上购物时，除了使用鼠标，我们还可以使用键盘快捷键进行操作，或者尝试在不注册的情况下完成购买。为了有效应用这类场景操作，测试人员需要了解应用程序中的所有选项和功能。

5.3.4 重复步骤

场景通常具有明确的操作顺序。这种场景操作通过重复单个或多个步骤来引入额外变化。通过重复和改变步骤的执行顺序，我们可以探索新的代码路径，并发现与数据初始化相关的潜在缺陷。如果一个功能依赖于另一个功能初始化的数据，那么改变它们的执行顺序可能就会影响软件的稳定性。

例如，在测试金融服务网站时，常规场景可能包括登录、查询余额、支付账单、存款和退出登录。我们可以在“支付账单”和“存款”之后分别重复“查询余额”的动作。在京东或淘宝这样的购物网站，“查看购物车”这个步骤也可以重复执行。

步骤的重复可以应用于多个环节，如支付一张账单后查询余额，再支付另一张账单并再次查询余额等。测试人员的任务是理解这些变化并创建适当的重复序列。

5.3.5 替换数据

实现场景时，往往需要连接数据库、数据文件或本地及远程数据源。这些场景明确指示测试人员需要执行的动作，如读取、修改或操作数据。测试人员需要了解影响应用程序的数据源，并能创建多样化的测试变化。

测试人员能否访问备份、测试或真实用户数据库？如果可以，在测试当前场景时，就使用这些数据库代替默认数据库。如果数据源因关闭或其他原因而不可访问，如何应对？我们能否创建或模拟此情况，以测试系统的反应？数据源数据增加十倍或只有一条记录时，会怎样？

此方法旨在理解应用程序所连接或使用的数据源，并确保交互的稳定性和可靠性。

5.3.6 替换环境

如第 3 章所述，测试结果与软件所处的环境密切相关。软件可能在一个环境中稳定运行，而在不同环境中则可能失败。因此，改变测试环境是确保测试覆盖不同环境条件的关键。

此场景操作的核心在于，测试场景本身保持不变，只改变软件运行时所依赖的系统环境。不幸的是，确定哪些环境部分需要改变并实际执行这些改变是一项挑战。需要考虑以下因素。

- **替换硬件**：最简单的环境变更方法是通过改变应用程序所依赖的硬件。我们预期用户将使用多种硬件类型，包括高性能设备和低性能设备，因此需要在测试实验室中准备相应的硬件。同时，我们需要确保有测试用户愿意协助完成预发布版本的测试与验证工作。使用虚拟机来模拟不同硬件环境是一种高效且灵活的方法。

- **替换容器**：应用程序如果运行在容器环境（如浏览器）中，我们就需要确保所有主流容器环境都能支持相同的测试场景。例如，浏览器包括 Internet Explorer、Firefox、Opera 和 Chrome；平台如 Java 和 .NET；这些都可能影响应用程序的运行方式。此外，其他软件（如动画制作工具），也可能对应用程序的表现产生影响。
- **替换版本**：之前提及的所有应用程序平台（如浏览器）都有早期历史版本，这些版本仍在市场中被用户广泛使用。例如，应用程序在早期版本的 Adobe Flash Player 中能否正常运行？这需要通过测试来验证，以确保兼容性和用户的良好体验。
- **修改本地配置**：应用程序是使用 cookie、在用户电脑上写入文件还是操作本地注册表？如果用户修改浏览器设置以限制应用程序的这些行为，会怎样？如果用户直接修改应用程序依赖的注册表设置，而不是通过应用程序进行修改，会导致什么后果？如果不对这些情况进行测试，产品发布后用户的行为可能会给工程团队带来意外的困扰。最佳实践是在应用程序发布前，预先测试。

在创建衍生场景时，我们应使衍生场景尽可能接近原始场景。衍生场景如果与原始场景差异过大或者场景操作被过度使用，都不恰当。但请不要完全依赖我的建议。如果亲自尝试并发现了重要缺陷的话，就说明这种方法对你有价值。漫游测试法提供了第二种技术方法，即对场景进行大幅度修改以注入变化，这是接下来要讨论的主题。

5.4 通过漫游测试引入变化

在执行场景时，我们可在任何步骤暂停并注入变化以创建衍生场景。场景操作是实现此目的的一种方法，漫游测试则是另一种引入变化的手段。我将漫游测试引入变化的方法比作“顺路游”。这种方法的要点是，测试人员在脚本中寻找决策点或逻辑分支，暂时探索一个完全不同的方向，然后回归主路径。

我倾向于用自驾游或森林徒步来类比这种方法，在旅行中，人们可能会在风景优美的地方停车，短暂徒步去参观历史遗迹或欣赏大自然，然后再返回车辆继续旅程。这种“顺路游”如同在测试中注入的变化，是有效的。

场景操作与漫游测试的主要区别在于，后者可能显著延长场景执行时间。场景操作专注于场景中的小变化和可选步骤，而漫游测试能够创建步骤更多、覆盖更广的衍生场景。有时，漫游测试中的“顺路游”可以成为探索新场景的目标，表明漫游测试能够超越原始场景的范围。探索式测试的核心在于变化，漫游测试与场景结合可以带来丰富的变化。测试人员可以根据历史数据判断哪些变化对特定应用程序有用，哪些漫游测试方法更有效。

我建议读者回顾第 4 章对漫游测试法的介绍，并结合以下补充信息进行理解。通过实践漫游测试，测试人员可以决定如何针对特定情况更有效地应用这些建议。

5.4.1 卖点测试法

我们能否轻松地将场景中未使用的主要功能加入场景中？如果可以，就能通过添加一个或多个新功能来修改场景。如果原始场景已包含某些功能，这样做就有助于测试功能间的交互。如果场景基于真实用户情境，我们就可以模拟用户将新功能融入其现有工作流程，这是非常理想的。用户通常先学习并掌握一个功能，随着越来越熟悉应用程序，再探索其他新功能。卖点测试法模拟的正是用户的这种使用模式。

5.4.2 地标测试法

从特定场景开始，选择关键功能点（地标），然后随机调整这些地标的顺序，创建不同于最初场景的新场景。按照新的地标顺序执行测试，并在必要时重复此过程。这取决于涉及的地标数量，需要根据情况做出判断。微软公司高度重视将结构化场景与地标测试法结合使用。

5.4.3 极限测试法

审查并调整测试场景，以增加软件的工作压力。换句话说，设计测试用例来挑战软件的极限。如果场景要求软件打开文件，我们就要考虑给它最复杂的文件类型。我们应该提供何种数据，以最大程度地挑战软件的处理能力？输入极长的字符串是否会导致问题？违反输入格式规则，例如使用控制键（Ctrl）、Esc 键或特殊字符，会有何种后果？通过这些问题，我们可以更深入地测试软件的健壮性和错误处理能力。

5.4.4 后巷测试法

这是一种有趣的卖点测试法变种。这种变种特别强调在测试场景中融入较少使用或被认为不太重要的那些功能。当然，这种方法确实有助于发现更多隐蔽的缺陷。然而，如果应用程序被广泛使用，就说明每个功能都可能是某些用户需要的。对于应用程序而言，所有付费用户的需求都应得到重视。

5.4.5 强迫症测试法

强迫症测试法的核心思想非常直观：在测试场景中，每个步骤至少重复两到三次，当然，可以根据需要多次重复。具体而言，任何涉及数据操作的步骤都应重复执行，以观察其对内部数据处理和状态修改的影响。促进软件内的数据流动是发现关键缺陷的有效测试策略。

5.4.6 通宵测试法

当测试场景能够自动化并且适合进行录制和回放时，通宵测试法就会成为最佳选择。使用通宵测试法时，无须每次测试后退出应用程序，只需重复运行测试场景。如果测试场景要求在执行结束时关闭软件，应去除此步骤，使场景能够连续运行。选择能够使软件达到满载状态的场景，这些场景可能包括内存、网络带宽和其他资源的高消耗。随着时间的推移，持续执行这些场景可能会揭示潜在的问题。

5.4.7 破坏测试法

从破坏测试法开始执行场景是一个不错的选择。检查原始场景及其衍生场景，并记录每次调用可访问资源的情况。在执行场景的过程中，尝试在场景请求调用资源时进行干扰。例如，在数据通过网络传输的场景中，可以在关键步骤之前或之时断开网络连接。记录这些关键的干扰点，并在保证安全的前提下尽可能多执行。通过这种方法，我们可以测试软件在面对资源不可用时的反应和健壮性。

5.4.8 收藏家测试法

在执行场景及其衍生场景时，详细记录观察到的所有输出。可以根据输出的多样性和数量来评估场景的覆盖度。尝试创建或衍生新的场景，以产生独特的输出。考虑创建一个综合场景，旨在产生广泛且多样化的输出。这种方法可以用于组织一个竞赛，邀请测试团队成员参与，比较谁的场景产生的输出最多样化，并为胜出者提供奖励。通过这样的活动，不仅可以提高测试的趣味性，还能增进团队间的交流与合作。

5.4.9 超级名模测试法

用超级名模测试法执行场景时，我们应专注于界面的视觉和可用性。确保界面元素正确放置，设计合理，并特别关注其可用性。选择涉及数据操作的场景，并确保操作结果能正确展示在用户界面上。尝试频繁地加载和展示数据，检查是否存在刷新延迟或显示错误。通过这种方法，我们可以有效地评估界面的响应性和用户体验。

5.4.10 配角测试法

配角测试法，类似于邻居测试法，在执行时测试人员不执行脚本中指定的功能，而是选择执行相邻或相似的功能。例如，如果脚本指定了一个下拉菜单中的选项，选择其上一个或下一个选项。在场景中遇到选项时，不要选择脚本指定的值，而要选择相邻的值，无论是在界面上还是语义上。如果场景要求使用斜体字，测试时就选择黑体字；如果要求高亮某段文本，就高亮其他文本。

在所有情况下，选择在界面或功能上最接近的选项。这种方法有助于揭示极端情况和异常流程中潜在的问题。

5.4.11 雨天测试法

雨天测试法有效利用了“取消”按钮，在执行测试场景时，一旦看到取消按钮就进行点击。此方法也适用于测试程序的启动和关闭过程。专注于测试场景中那些耗时的操作，如进行复杂搜索或文件传输。执行这些功能后，尝试使用取消按钮或Esc键来中断它们。通过这种方式，我们可以检验应用程序处理中断和取消操作的能力。

5.4.12 蹭票测试法

本章介绍一种新的测试方法——蹭票测试法，此方法在之前的章节中未曾提及。这一概念源自未提前报名付费却能在旅行中轻松融入人群的行为。他们可能会悄悄加入一个旅行团并在遇到其他旅行团时（如在博物馆或历史建筑等热门景点）转换到另一个团。

我们可以模仿这种行为，在测试中从一个场景跳转到另一个，结合两个或多个场景，形成一个具有多重目标的综合场景。审查自己设计的场景，寻找那些涉及公共数据操作、聚焦于共享功能或包含通用基础步骤的场景。这些重叠区域使得我们可以从一个场景平滑过渡到另一个。

作为测试人员，我们能够这样做，因为两个场景都涉及应用程序的相同部分。我们可以在一个场景中到达这个共有部分，然后切换到另一个场景继续测试。这种方法有助于揭示不同场景间交互可能存在的问题。

小结

静态场景测试和探索式测试并不冲突。场景是探索式测试的良好起点，通过在探索中引入有价值的变化来避免其局限性。明智的测试人员会结合这两种方法来更全面地覆盖应用程序，包括更多样化的输入序列、代码路径和数据使用情况。通过这种结合，测试人员可以更有效地识别和验证应用程序中潜在的问题。

思考与练习

1. 说出本章中描述的两种根据现有脚本或者场景来创建衍生场景的方法。你认为哪种方法发现的缺陷更多？试着解释原因。

2. 说出并描述至少三种可以从中收集场景的软件开发过程中的产物。你是否能想出一个本章没有提到的方法来创建场景。

3. 在创建衍生场景时，漫游测试和场景操作的主要区别是什么？与原始场景相比，哪种方法产生的变化最多？

4. 哪些场景操作与强迫症测试法相关？如何通过场景操作和强迫症测试法获得相同的衍生场景？

5. 从第 4 章中选择一个本章中没有使用的测试方法，看看你是否能够说明如何在基于场景的探索式测试中更有效地使用它。

6. 一个场景必须具有哪些属性才能成为通宵测试法的理想应用场景？

第 6 章　探索式测试实战案例

浪子未必迷途。

——托尔金

测试技术如果不能跳出理论框架并在现实世界中证明自己的价值，就只能算是理论。讨论冒险和旅游完全不同于其实际应用。本章将介绍旅游类比如何应用于实际、面临发布压力的项目中。

局部漫游测试和全局漫游测试，特别是后者，都起源于微软的研发部门。它们首次应用于华盛顿州雷蒙德团队以及印度开发中心的埃利松多（David Gorena Elizondo）和巴哈拉德瓦拉（Anutthara Bharadwaj）团队。这些测试方法在 2008 年 11 月首次亮相于前往荷兰丹哈格的欧洲之星高速列车上。自那以后，我注意到微软以外的数十个项目组已经开始有效利用这些测试方法。

微软内部也启动了更广泛的推广尝试。Visual Studio 团队启动了正式的推广活动，并一直持续到我写作本书期间。我首先向公司内部高级和有影响力的测试经理与测试架构师发送邮件，请求他们推荐有才华的测试人员，不论其经验。我还特别重点强调了招募有天赋的手工测试人员相当重要。

我收到了许多回复并在面试后缩小了候选人范围。坦率地说，我倾向于选择那些表现出极大热情的人。随后我们开始培训，每位测试工程师都阅读和编辑了这一章的内容。之后，我们开始了“漫游测试”。

产品线涵盖游戏到企业级软件、移动端应用到云服务、操作系统到 Web 服务的方方面面。在这里，我选择 5 个最典型的项目进行展示。因此，如果在微软博客或其他渠道看到这些项目的后续报道，请不要感到惊讶。

许多漫游测试方法在实践中得到直接应用，并严格遵循第 4 章中的介绍。然而，一些漫游测试方法在实施过程中要根据需要进行调整，有时甚至会创造出全新的漫游测试方法。我欢迎这种灵活性，这种方式非常可取。

我希望每个团队都能识别出适合自己的漫游测试方法。本章旨在展示漫游测试的实践应用。以下经验报告来自微软测试人员，并得到了他们的使用许可：

- 哈根（Nicole Haugen），Dynamics AX 客户端产品团队的测试主管
- 埃利松多（David Gorena Elizondo），Visual Studio 测试团队的软件开发测试工程师（SDET）
- 布朗（Shawn Brown），Windows Mobile 高级测试主管
- 阿格伯奈尔（Bola Agbonile），Windows 软件开发测试工程师（SDET）
- 斯坦尼夫（Geoff Staneff），Visual Studio 软件开发测试工程师（SDET）

6.1 实战案例：Dynamics AX 客户端漫游测试

哈根（Nicole Haugen）/ 文

我领导的团队负责测试 Dynamics AX 客户端。这是一款企业

资源规划（ERP）解决方案，20 多年前最初使用原生 C++ 开发。微软在收购 Navision 时获得了源代码。作为客户端团队，我们负责为应用程序的其他部分提供基础的表单、控件和软件外壳。此前，我们团队主要集中做公共 API 的测试。因此，对我们来说，通过图形用户界面（GUI）对 Dynamics AX 进行测试是一次思维上的转变。在这个转变过程中，我们获得了一些重要的经验和教训。

- 我们发现，大多数缺陷并不是通过测试设计阶段定义的测试用例来发现的。
- GUI 测试涉及无数场景和复杂交互，这些通常难以纯粹用自动化测试来覆盖。
- 无论是自动化还是手动测试，都需要在回归测试中进行维护。鉴于我们团队拥有数千个测试用例，所以必须持续评估在回归测试中添加新用例的投资回报率。
- Dynamics AX 是一个庞大的应用程序，我们对其许多功能尚不了解，更不知道如何测试。探索式测试帮助我们解决了上述问题。
- 在每个功能签入前，测试人员做探索式测试，以便在签入前快速有效地发现严重缺陷。对于修复关键或高风险缺陷的代码，我们也采用这个实践原则。
- 探索式测试不仅帮助我们在编写测试设计时开发新的测试用例，还能揭示需求中可能遗漏的新的场景。
- 如第 5 章所述，我们以测试脚本为起点，引入探索式测试进行手工测试。根据我的个人经验，纯粹的手工测试很少能够揭示新问题。但是，即使是对测试脚本进行微小的调整，也能发现许多缺陷。

- 在“缺陷大扫除”活动中，我们采用探索式测试来引导我们超越当前功能，发现其他区域的相关缺陷。

6.1.1 探索式测试中的漫游测试法

对我们而言，漫游测试法不仅让探索式测试变得更加具体，而且极大地增强了其易理解和易复用的特性。下面详细介绍一些极为有效的漫游测试方法，它们在 Dynamics AX 项目中的应用帮助我们揭露了许多潜在的缺陷。

1. 出租车测试法

乘坐大型公共交通工具旅行时，游客有时会走错路线或下错站，这是常有的风险。另一个缺点是，公共交通工具往往无法直达目的地。有的时候，乘客不得不一遍又一遍地重复相同的路线，即便他们已多次前往同一个目的地，因为缺乏路线选择的灵活性。完美的替代方案是乘坐出租车旅行，只不过出租车费用较高。在像伦敦这样拥有超过 25 000 条街道的城市中，出租车司机必须通过严格的考试，确保熟悉城市内任意两地之间可能的路线。可以肯定的是，出租车司机知道哪条路最短、最快甚至哪条路上风景最美。此外，乘客通常都能顺利抵达目的地。

这一概念同样适用于软件应用程序的测试。用户通常有多种选择来达到同一功能或界面。测试人员的责任类似于出租车司机，他们需要了解所有可能的路径抵达指定的功能或界面。测试人员应利用这些知识验证每条路径是否都能正确引导用户抵达目标。还需要验证在不同路径下目的地状态是否一致。请注意，这种测试法是从重复测试法衍生出来的，它侧重于重复执行特定操作以发现问题。出租车测试法与重复测试法的关键区别在于，出租车测试法侧重于探索不同的执行路径，而不仅仅是重复相同的操作。

以 Microsoft Office 的打印窗口为例，用户有多种路径打开这个窗口。

- 快捷键 Ctrl+P。
- 通过 Office 菜单按钮选择打印菜单。
- 单击打印预览窗口工具栏上的打印按钮。

无论用户选择哪条路径，最终结果都相同：打印窗口被打开。

与出租车测试法对应的是出租车禁区测试法。这种方法的目的是确保无论用户选择哪条路径，都无法抵达目的地。阻止用户访问应用程序功能的原因多种多样，包括权限不足或防止应用程序进入无效状态。无论如何，测试每条路径都至关重要，因为开发人员有时会忽略对某些路径的处理。

我们将继续使用打印窗口的例子。假设有一个用户禁止执行打印文本的操作。我们知道有很多种方式可以访问打印窗口，所以重要的是要验证用户无论如何试图访问该窗口，始终都被禁止打印。这意味着使用 Ctrl+P 快捷键时程序应该无响应，打印菜单项和工具栏按钮也应该保持禁用状态。

2. 多元文化测试法

伦敦以其人口多样性而闻名。游客无需离开城市或出国，即可体验来自世界各地的多元文化。例如，游客可以选择探访伦敦唐人街，感受中国菜的香气和传统汉字的魅力。伦敦繁华街道旁的印度餐厅，用餐的客人常常享受抽水烟的乐趣。在伦敦，游客可以选择沉浸于多样化的异国情调中，这样的度假体验既兴奋又美妙。

多元文化的体验同样适用于软件测试，尤其是测试人员，需要考虑本地化问题，因为我们的软件服务于全球不同国家的用户。我们需要对语言、货币、日期格式、日历类型等进行适当调整，以满足不同区域终端用户的需求。此外，产品功能在任何区域设置下都应按预期运行，这一点同样重要。

尽管产品本地化测试可能相当复杂，但我们仍然可以提供一些基本思路来帮助你开始本地化测试。没有必要非得精通不同的语言才能执行这些类型的测试。

- 本地化的一个基本要求是避免硬编码文本，因为这会妨碍文本翻译成适当的语言。测试本地化的一个简单方法是更改应用程序和操作系统的语言设置，并验证标签、异常信息、工具提示、菜单项和窗口标题等是否不再显示为英语。此外，需要验证某些不应翻译的特定词汇，如品牌名称中包含的单词。通过这些步骤，可以确保软件产品在不同语言环境下的本地化质量。
- 使用从右至左阅读方式的语言（例如阿拉伯语）启动应用程序，并验证控件和窗口是否正常工作。对于从右到左的语言，改变窗口大小并确保窗口能正确显示文本很重要。此外，在测试控件，特别是用户自定义控件时，应确保它们在从右到左阅读模式下也能正常运行。

虽然以上几点并不全面，但至少提供了缺乏特定语言技能时验证应用程序的基本方法。

6.1.2 收藏家测试法和收集缺陷

下面主要讲述整个 Dynamics AX 测试过程中如何应用出租车测试法和多元文化测试法来识别缺陷。这些测试方法帮助我们发现了许多缺陷，一些典型的例子如下所示。

1. 使用出租车禁区测试法收集缺陷

Dynamics AX 有一个已知的限制，即同时只能打开最多 8 个应用程序工作区。如果打开的工作区超过 8 个，就会导致整个应用程序崩溃。此问题本可在早期通过测一送一测试法发现。修复此缺陷较为复杂，所以我们决定限制用户最多只能打开 8 个工作区，以免应用程序崩溃。

了解这个限制后，我立即考虑应用出租车测试法。具体来说，我探索了用户可能采取的所有路径来打开新工作区，如下所述。[①]

- 单击 Dynamics AX 工具栏上的“新建工作区”按钮。
- 使用快捷键 Ctrl+W。
- 执行 Dynamics AX Windows 菜单下的“新建工作区”菜单项。
- 在 Dynamics AX“选择公司账户”表单，单击上面的“新建工作区”按钮。

在掌握了所有可能的访问路径后，我首先尝试打开 7 个应用程序工作区。随后，我的目标是验证通过各种方法都能成功打开第 8 个工作区。结果表明，所有路径均能成功执行。

接下来，运用出租车禁区测试法，在 8 个工作区已打开的情况下，我验证程序是否能阻止用户打开第 9 个工作区。通过前三种路径尝试，均未能打开第 9 个工作区，符合我的预期。然而，使用第四种路径时，我意外地成功打开了第 9 个工作区。结果，在打开第 9 个工作区后，整个应用程序崩溃。这一发现凸显了需要改进的区域，以确保应用程序的稳定性和用户的操作限制得到妥善处理。

---

① 请注意，虽然创建了多个应用程序工作区，但这些工作区的场景都被绑定到一个 Ax32.exe 进程。

2. 使用出租车测试法收集缺陷

像大多数应用程序一样，Dynamics AX 提供了几个标准的菜单选项，包括视图、窗口和帮助菜单。为了测试 Dynamics AX 菜单的功能，我执行了每个菜单选项，确保它们能正确工作。当然，这是一种直接的方法，为了增加测试过程的趣味性和有效性，我采用了出租车测试法。具体来说，我采取了以下路径来执行菜单项：

- 使用鼠标点击菜单和菜单项；
- 发送与菜单项对应的快捷键；
- 发送菜单项上的访问键，然后点击菜单项上的加速键。

正如预期，在使用第三种路径时，我发现了一个缺陷：使用访问键和快捷键执行菜单项时出现了问题。例如，我尝试使用 Alt+H 快捷键打开帮助菜单，并通过 H 功能键执行帮助选项。然而，我未能完成操作，因为帮助菜单无法成功打开。幸运的是，在产品发布前，这个关键的软件可用性问题已被发现并修复。这确保了产品在实际投入使用时，用户能够获得更好的体验。

3. 使用多元文化测试法收集缺陷

Dynamics AX 提供了多种语言版本，包括那些采用从右至左阅读顺序的语言。因此，确保应用程序支持全球化和本地化特性至关重要。多元文化测试法在此过程中发挥了关键作用，帮助测试人员识别了与全球化和本地化相关的缺陷。

示例 1：当我使用多元文化测试法时，发现了一个缺陷，这个缺陷涉及向用户展示菜单访问快捷键的信息提示。

在用意大利语打开 Dynamics AX 时，我注意到 Windows 菜单的快捷键提示显示为 Finestre<Alt+W>。尽管菜单名称已正确翻译为意大利语（Finestre），但快捷键提示信息并未做相应的调整。它本应显示为 Finestre<Alt+F>，以匹配意大利语的快捷键。

示例 2：大多数 Dynamics AX 控件都是自定义的，所以在从右向左阅读的语言中运行应用程序并验证控件行为是否正确是非常有趣的事情。事实上，我的一个同事在 Dynamics AX 的导航窗格上发现了一个明显的缺陷。用户能够展开和收缩导航窗格。这个发现强调了在不同语言和文化背景下测试软件的重要性。

请注意，导航窗格中的 << 和 >> 按钮用于改变左侧窗体的状态。然而，当同事在采用从右至左阅读顺序的语言环境下运行 Dynamics AX 时，单击 << 按钮无法折叠导航窗体；而这些按钮在从左至右阅读的语言中正常工作。

如果我们没有采用多元文化测试法对 Dynamics AX 进行测试，这两个缺陷可能不会被发现。这进一步证明了在不同语言和文化背景下进行测试的重要性。

6.1.3 漫游测试提示

应用第 4 章描述的漫游测试时，我整理了以下提示清单来作为高效测试人员的漫游攻略。

1. 超模测试法

超模测试法是一种专注于图形用户界面（GUI）测试的技术，它可以帮助我们识别明显的界面问题。结合第 4 章描述的其他漫游测试法，这种方法有助于发现更不容易觉察的缺陷，是一种宝贵的经验。

2. 与配角测试法相结合

结合配角测试法，我们可以更全面地评估应用程序的界面。在浏览界面时，不仅要关注当前窗口或控件，还要注意应用程序的其他部分。这种方法与配角测试法相似，为了最大化效果，你需要稍微转移视线，比如向左或向右转动10度。例如，我发现了一个缺陷：当我从表单打开一个弹出式窗口时，表单的标题栏变成了灰色，导致整个表单看似失去了焦点。这个例子说明了在测试过程中采用宽视野的重要性。

3. 结合使用后巷测试法及混合目的地测试法

后巷测试法和混合目的地测试法的主要目标是检验应用程序内不同特性之间的交互方式。对于图形用户界面，重点是验证外部环境特征对应用程序外观的影响。以下是一些测试实例。

- 修改操作系统的显示设置（如启用高对比度模式），然后通过超模测试法检查所有控件、图标和文本在对比度调整后是否正常显示。
- 通过终端服务远程登录至安装应用程序的机器，并检查应用程序窗口在绘制过程中是否存在颜色异常或闪烁问题。
- 在双显示器环境下运行应用程序，并确保菜单和窗口正确显示在指定的显示器上。

产品的第一印象往往基于外观，因此应用程序界面的缺陷可能导致用户认为产品不专业，设计质量差。不幸的是，这类界面缺陷的优先级通常较低。尽管一些界面相关的缺陷单独看起来无害，但它们的累积效应可能对产品可用性产生负面的影响，故不容我们忽视。

4. 雨天测试法

雨天测试法主要关注验证应用程序的终止功能，并确保在终止操作后应用程序仍能正常运行。关于这种测试法，我想重申两个建议，这在第 4 章已有提及。然而，我想在此再次强调它们的重要性，因为它们对发现缺陷极为有效。

第一个建议是，在取消操作前改变被测对象或应用程序的状态至关重要。以表单为例，不要在打开后立即关闭它。要在关闭前修改表单或应用程序的状态。为证明此方法的有效性，下面列出我在 Dynamics AX 中应用这种技术时发现的一些缺陷实例。

- 我首先打开一个表单，随后打开该表单的弹出子窗口。在子窗口保持打开状态时，我尝试关闭主表单，结果，应用程序崩溃。这表明在主表单关闭后，相关的子窗口未能正确关闭。
- 在打开并保持用户设置表单开启的同时，我切换到应用程序的其他模块。单击取消按钮后，应用程序崩溃。

第二个建议是在执行取消操作后，重新执行相同的取消操作场景也极为重要。最近，在对 Dynamics AX 6.0 版本的新功能进行探索式测试时，我采用这种技巧发现了另一个重大缺陷（导致 Dynamics AX 客户端直接崩溃）。该新功能确保跨多个数据源的创建、更新、删除等操作都在单一事务中处理。在测试更新功能时，我尝试通过单击表单工具栏上的还原按钮来撤销所做的更改。当我尝试再次更新同一记录时，Dynamics AX 崩溃了。这些测试结果表明，在设计和实现新功能时，需要对异常流程和事务管理进行全面彻底的测试。

5. 地标测试法

一些大型应用程序，如ERP解决方案，由于包含诸多功能，很难找到合适的点启用地标测试法。有时，测试人员可能不熟悉自己职责范围之外的功能。解决这一问题的策略是，找到熟悉这些功能领域的专家，与测试人员组成团队进行结对测试。这种方法可以提高测试的覆盖率，并确保不同功能领域的深入测试。

6.2 实战案例：使用漫游测试发现缺陷

埃利松多（David Gorena Elizondo）/ 文

大学刚毕业，我就加入了微软，此前我在微软实习了一年。作为软件设计工程师，我加入了测试团队，并参与开发了2005年Visual Studio Team System首个版本。我的工作涉及Visual Studio中一些工具的测试，包括单元测试、代码覆盖和远程测试等。

在微软工作的4年，我接触了公司内部和外部使用的不同测试方法，从自动化测试到基于脚本的手工测试，再到端到端的测试以及探索式测试等。我实践过很多不同的测试技术。在学习和实践探索式测试的过程中，我找到了测试的激情。现在我使用探索式测试一年多了，采用旅游类比方法来组织我的测试思路，这在负责的功能中极大地帮助我发现并修复了许多缺陷。

尽管各种漫游测试法各有优势，但根据我的经验，我认为某些漫游测试方法在特定环境下最有效。接下来，我将分享我在应用这些测试方法时的经验以及在过去一年测试VSTS（Visual Studio Team System）测试用例管理解决方案工具时发现的缺陷。

请注意，这里描述的所有缺陷均已修复，测试用例管理系统的用户不会受到这些问题的影响。

1. 测试用例管理解决方案的测试

在过去一年半，我一直在对我们开发的测试用例管理系统应用探索式测试。在介绍漫游测试法的应用之前，我要先介绍我们的产品，因为它的功能和设计影响着我选择和使用测试方法的决策。

测试用例管理系统由紧密相连的客户端和服务端组成，客户端本质上负责从服务端获取所谓的“工作项”，如测试用例和缺陷，供用户查看和操作。没有服务端，客户端将无法正常运作。基于客户端和服务端的依赖关系，可以预见通过雨天测试法和破坏者测试法能够揭露许多缺陷。设想在服务端操作执行到一半时取消操作，或者关闭服务器。

测试用例管理系统由紧密相连的客户端和服务端组成，客户端本质上负责从服务端获取所谓的“工作项”，如测试用例和缺陷，供用户查看和操作。没有服务端，客户端将无法正常运作。基于客户端和服务端的依赖关系，可以预见到雨天测试法和破坏者测试法能够帮助我们暴露许多缺陷。设想在服务端操作执行到一半时取消操作或者关闭服务器。

本书中讨论的漫游测试方法内容丰富。在此之前，我先分享我是怎么发现缺陷的。

2. 雨天测试法

在应用程序的客户端和服务端，服务端的任何意外行为都可能导致客户端出现异常。例如，如果发送到服务端的请求被中断，就会非常棘手，因为客户端的数据可能已经部分更新。设想这样一个场景：打开一个网页，浏览器开始从服务端加载数据。此时，如果立刻单击刷新按钮，前一个加载动作就会被取消，新的加载动作立即开始。因此，客户端和服务端在处理这类事务时必须非常谨慎，以确保数据的一致性和完整性。漫游测试法正是用来发现这类潜在缺陷的有效方法。以下是我印象深刻的一些缺陷案例，它们已经记录在我们的缺陷管理系统中。

- 缺陷：如果取消一个项目的初始连接，我们就无法手动为它建立连接。

我们的测试用例管理系统在启动时会记录并自动连接到用户上次使用的服务器，该服务器存储了测试用例和测试数据。如果用户需要连接到另一个数据存储库，就必须中断当前的自动连接过程。开发人员没有充分考虑取消操作的场景，因而导致特定情况下一个环境变量被错误删除。为此，在我尝试加载新的测试数据存储库时，与服务端的连接意外丢失。这一发现表明，在设计自动连接逻辑时，需要考虑用户可能的中断操作及其后果。

- 缺陷：在删除配置相关的变量时，无论进行取消操作还是确认操作，都会再次收到提示信息。

这个烦人的缺陷出现在我尝试删除现有测试存储库变量并单击取消按钮时。雨天测试法鼓励测试人员识别操作的复杂性和对时间的敏感度，这引导我自然而然考虑到这个测试用例。雨天测试法要求我们在执行操作前必须深思熟虑。有时，考虑到性能或其他原因，功能或产品需要能够隐式地取消已经开始的操作。雨天测试法特别适合发现此类缺陷。通过应用这种方法，我们可以确保软件在面对意外中断或取消操作时仍能保持稳定和可靠。

- 缺陷：在切换测试套件的过程中，如果当前测试套件正在加载测试用例，切换后加载操作应该能够取消。

实际上，选择测试库后，应用程序会自动加载相关测试用例。漫游测试法启发了我，在快速切换不同存储库时，需要有一个隐式的取消机制。缺乏这一机制可能导致性能问题。确实，我们缺少适当的取消功能，因而导致了严重的性能问题。

雨天测试法强调取消任何可取消操作的重要性，建议在不同环境和情况下尝试多次取消操作。通过模拟意外使用场景，如突然的中断，我们能够发现应用程序在处理取消操作时的缺陷。

- 缺陷：连续刷新操作导致刷新时间显著增加。

刷新操作通常取消任何进行中的行为，所以我决定做下面几个测试。我快速连续单击刷新按钮，这一操作确实引发了产品的性能问题。

采用类似策略，我发现了另外一个缺陷。

- 缺陷：频繁刷新测试设置管理器导致 Camano 系统崩溃。

尽管这导致系统崩溃，但对测试人员而言，可是一个重要的发现。连续快速单击刷新按钮导致应用程序崩溃。这些发现对于改进产品稳定性和性能至关重要。

3. 破坏者测试法

破坏者测试法鼓励我们深入思考应用程序对资源的依赖。通过改变资源的可用性，我们可以发现导致应用程序失效的场景。以下案例将展示如何应用这种方法。

- 缺陷：在没有与 TFS 建立连接的情况下尝试查看测试配置，导致 Camano 系统崩溃。

TFS(Team Foundation Service) 是一个存储测试用例和测试数据的服务器。破坏者测试法揭示了 TFS 可用性的重要性，并强调了实现健全错误处理机制的必要性。

通过故意使服务器在正常情况下不可用，我们能够发现潜在的严重崩溃缺陷。修复这些问题后，我们的产品在遇到服务器连接问题时表现得更加稳定。这表明，通过破坏者测试法，我们可以增强应用程序的健壮性和错误处理能力。

使用相同的资源审查策略，我们发现了另外一个缺陷。

- 缺陷：Camano 的配置文件被损坏时会导致 Camano 在启动时崩溃。在配置文件修复前，Camano 会不断失败。

在这个例子中，关键资源是应用程序用于在会话期间保留数据的配置文件。破坏者测试法要求我们篡改这些状态相关文件，以验证应用程序在面对损坏或不可用的持久化资源时的健壮性。研究这些持久化文件不仅可以揭示高严重性的缺陷，还能帮助我预测程序可能在何时何地崩溃，这个过程非常有趣。鉴于团队之前未考虑过这些场景，我非常高兴能在我的方法论工具箱中纳入破坏者测试法。这种方法不仅增强了我们发现潜在问题的能力，还提高了应用程序的整体质量和稳定性。

使用与之前相同的基本策略，并引入一些新的变量和考虑因素，我们发现了下一个缺陷。

- 缺陷：当 Camano 配置文件非常大时系统会崩溃。

为了发现这一特定缺陷，我们遵循了以下步骤：分析配置文件、引入变化、调整配置文件属性。破坏者测试法建议尝试将文件设为只读、删除文件或更改文件类型等操作。然而，我发现最直接相关的属性是文件大小。当我生成一个相当大的配置文件时，应用程序无法有效处理而导致崩溃。这一发现表明，在设计应用程序时需要考虑各种边界条件，包括文件大小限制，以确保应用程序的健壮性和稳定性。

4. 联邦快递测试法

我们的测试用例管理解决方案负责处理客户端与服务端间大量数据的自由流动，包括缺陷、测试用例、测试计划及其详细内容等。所有信息都需要正确刷新，以维持数据同步。然而，应用程序要同时处理多个端对同一组件的操作则更具挑战性。联邦快递测试法专门设计来帮助测试人员考虑这类复杂场景。以下是应用联邦快递测试法发现的一些缺陷案例。

- 缺陷：从一个工作项返回测试计划后，测试计划没有自动更新。

测试计划的正文详细列出计划内包含的具体测试用例。联邦快递测试法策略鼓励我们更改测试用例（及测试计划）的属性，并验证这些更改是否能够正确刷新和同步。然而，我们发现当修改测试用例名称后，需要手动刷新测试计划页面才能看到更新后的用例名称。

我们发现了很多类似的缺陷，如下所示。

- 缺陷：从 TAC 中选择一个测试计划，当我们修改它其中的一个组件时，Camano 崩溃了。

在这一特定场景中，当我们修改测试计划的某个属性（例如配置名称），如果该属性还用在其他界面或组件中，应用程序可能会崩溃，因为它未能正确处理属性的变更。回顾这一过程，我们发现这一缺陷的策略与之前相同：更改属性和组件，并验证这些更改是否能够在应用程序的其他部分得到正确的反映和刷新。

接下来这个缺陷更有趣。

- 缺陷：如果我们的测试计划关联了一个已经被删除的版本号，那么 Camano 将永远崩溃。

我们的测试计划会关联项目版本号，这意味着可以将测试计划链接到项目中某个特定的版本。然而，如果我们删除测试计划所关联的版本，那么每次打开这个测试计划时，应用程序就会崩溃。联邦快递测试法帮助我们确定了这些数据依赖关系的类型，并有条不紊地指导我们思考数据不同元素之间的关联。

5. 测一送一测试法

测一送一测试法旨在发现多用户并发使用应用程序时可能出现的缺陷。

- 缺陷：在测试配置管理器中，如果未使用最新配置文件，执行“指派新测试计划”操作时 Camano 可能崩溃。

测试配置包含一个布尔类型的属性，名为“指派新测试计划”，该属性可以设置为开启或关闭状态。当用户 A 和用户 B 同时访问同一个配置文件且该文件的“指派新测试计划”属性原本为 true 时，如果用户 A 将其更改为 false 并保存，那么用户 B 在尝试保存对该文件的任何更改时，应用程序将崩溃。在单用户使用环境下，这类缺陷很难被察觉。测一送一测试法通过同时运行应用程序的多个实例，明确揭示了其他测试方法可能遗漏的缺陷。这种方法对于确保应用程序在多用户环境中的稳定性和可靠性至关重要。

6.3 实战案例：Windows 移动设备中的漫游测试实践

布朗（Shawn Brown）/ 文

2000 年，微软推出了 Pocket PC 这款功能完备的便携式设备，用来执行与标准计算机相同的任务。它标志着 Windows Mobile

操作系统系列版本的诞生。随着 Windows Mobile 的不断迭代和功能的增加，测试生态系统变得越来越复杂。设备从最初的非网络连接 PDA 风格，发展到支持 GSM/CDMA、蓝牙和 WiFi 等多种网络连接方式。这些设备能够持续保持激活状态，并能在无需用户请求的情况下自动接收最新信息，这为移动设备用户提供了前所未有的便利。

在这样的演变过程中，这些设备的测试工作也得跟着变。在开发和测试平台时，我们必须考虑包括内存、电池寿命、CPU 速度和带宽在内的多种限制。作为首款支持多线程的手持设备，它通过允许多个应用程序并发运行来提供更智能的行为，从而催生了“智能手机”这个概念。现在，我们又面临了一个额外的未知变量——独立软件供应商 (ISV)。这些富有创造力的 ISV 可能不遵循微软的开发规范或试图推动平台的极限，因而可能导致应用程序部署时出现意外。

尽管我们可以采取一些预防措施，但移动平台上支持的 SDK 种类繁多，作为测试人员，我们不能忽视这些附加产品对平台稳定性的潜在影响，必须更全面地测试它们。鉴于 Windows Mobile 的移动特性和对测试的全面挑战，它确实是一个锻炼和提升测试技能的绝佳平台。

在我的职业生涯中，我负责过测试 Windows Mobile 的连接管理器、早期版本的 Office 应用程序以及我个人最喜爱的手机功能。这些经历不仅让我深入了解了移动设备的测试，也为我提供了宝贵的跨平台测试经验。

我投入大量精力去发掘产品中那些长期被忽视的地方，并在此基础上寻找潜在的缺陷。发现产品缺陷总能给我带来职业上的成就感和满足。随着我在测试领域的职业发展，除了发现新的和创造性的方法来检验产品，我还更加密切地关注如何预防缺陷产生，并更多关注提供系统性的端到端解决方案。缺陷预防应从产品设计阶段的最初测试开始。根据我们多年的经验，大约 10% 的缺陷源自设计阶段的问题。如果这 10% 的设计问题未能及时发现并泄露到产品中，可能导致更多缺陷的产生，项目完成时间推迟。尽早发现这些缺陷有助于提升产品质量和加快交付速度。

6.3.1 我的测试方法和测试哲学

我的测试哲学可以概括为几点。第一，主动发现产品的潜在弱点并确保其优势得到充分利用。这种方法要求我们持续观察产品及其运行环境，因为这些环境因素可能对产品的性能和功能产生影响。我们需要反思自己定义的测试环境是否全面覆盖所有潜在用户的视角和使用场景。第二，考虑如何确定解决产品问题的优先级，以更全面地评估产品的质量，并确保其满足不同用户的需求。

不管面对怎样的测试难题，我首先都要明确问题描述，并明确我们的最终目标。之后，我要确定相关变量并制定一个简单且有效的方案。解决方案确定后，我会评估其可重用性和灵活性，同时还会考虑解决方案是否存在潜在弱点，以及是否需要在某些方面做出权衡。我在开发和测试硬件与软件时都使用了这种方法。

以我开发核磁共振波谱仪管道孔所用的电子屏蔽技术为例，这种技术旨在确保电子元件能在强磁场环境中正常工作。在这样的强磁场环境下，绝不能放置任何金属物件，一方面是出于安全的考虑，另一方面是避免干扰敏感仪器的数据读取。首先明确问题描述“创造一种方法，将电子设备放置在一个激活核磁共振波谱仪的管道孔内，对读数造成的误差不能超过 5%”，从更全面地了解环境开始：如磁场的强度、核磁共振运行时渐变转换的频率、读数的方法以及管道孔内电子设备预期完成任务所需要的必要条件。基于这些信息，我们可以将解决方案的范围缩小到以下主要选项，进而深入评估它们的可行性。

- 创建一个屏蔽层以阻止磁场穿透电子设备内部；
- 创建一个屏蔽层以防止高频射线从设备外壳逃逸。

在研究了两种传统方法后，我意识到它们无法满足项目的具体要求。第一种是使用黑色金属阻止磁场进入设备，第二种是使用高导金属防止高频射线逃逸。然而，将这些材料放入管道孔中可能导致仪器运行时产生高频射线，极有可能干扰读数并导致误差超过 5%。此外，黑色金属可能对房间内的其他人员构成威胁，因为它可能产生高强度且不稳定的磁场，使其他黑色金属物体以危险速度飞散。如此一来，我们需要排除这些传统方案。屏蔽材料不能为实心板，因为会辐射高频射线；因此，它应该由不相连的环形结构组成。在计算了高频射线的穿透性之后，我得出的最终方案是创建一个小于 1 厘米的互不相连的铜环网格。这个网格可以防止高频射线从内部逃逸，并在很大程度上阻止高频射线进入电子设备的内部或因材料本身产生高频射线。这种方法不仅成功实现了屏蔽技术，还被应用于后续的软件测试中。

测试和任何其他工程学科一样，是一个不断发展的领域。为了不断提升产品质量，应向开发人员 / 设计人员清楚说明测试过程。他们越了解你的测试方法，就越能在设计阶段努力发现并修复潜在的漏洞。因此，随着开发人员对测试方法的熟悉，测试可能变得更加困难，你需要在保持发现产品缺陷的能力的同时，帮助开发人员提升代码质量。作为测试人员，需要不断更新和优化测试策略，持续领先于开发人员。随着开发人员越来越了解你的测试方法和解决问题的方法，你会越来越难发现新的缺陷。在这种持续的挑战和改进中，你的测试技能将得到提升，这标志着你的成功。发现产品缺陷仍然是你主要的职责。

6.3.2 使用漫游测试法找到有趣的缺陷

我用以下测试技术找到了一些有趣的缺陷。

1. 雨天测试法

在对早期版本的 Windows Mobile 进行探索式测试时，我发现“智能拨号”功能存在竞争条件问题。我们知道系统会根据搜索条件在后台创建一个附加进程来执行搜索以提升性能，数据集越大，搜索需要的时间越长。这是使用雨天测试法的良机。在待测设备上设置 4 000 多个联系人后，我输入了一个不期望返回任何结果的特定字符串。当后台进程仍在执行搜索时，我通过删除一个字符来改变要检索的字符串，预期结果仍然是无任何匹配。但当后台进程未完成对整个数据集的检查时，下一次搜索已经开始。结果，未检查的数据被错误当作下一次搜索的关键词，导致执行错误的条件判断，错误展示了不匹配的数据。如果没有通过探索式测试及早发现这个缺陷，可能会导致后续设计流程中出现更多问题。

另一个使用雨天测试法的例子是在 Windows Mobile 的蓝牙连接向导中发现并修复的缺陷。耳机和外部设备建立连接后，我在连接请求阶段使用了雨天测试法。当列表中外部设备全部断开连接时，有一个选项允许其中一个外部设备连接到电话上。我选择了一个外部蓝牙设备并尝试进行连接。随后我注意到，在发出连接请求后，在实际显示连接成功或失败的对话框之间存在一定的时间延迟。在这段时间里，我尝试单击菜单上所有的选项。但当我查看当前连接请求的菜单项时，发现连接选项再次变为可用。作为采用雨天测试法的测试人员，我选择了该选项。在初始连接请求完成前，我重复执行了几次相同步骤，结果弹出一系列连接失败的对话框。最终，我通过代码处理了这种情况，避免了向同一个外部设备发送多个连接请求，从而成功修复了这个缺陷。

2. 破坏测试法

联系人列表与其他多项功能紧密相关，包括通话记录、短信和快速拨号等。基于这一理解，我采用破坏者测试法创建了联系人列表和快速拨号条目。接下来，我模拟了一个同步错误的场景，尽管我从设备上链接的数据库中删除了所有联系人，设备却仍然错误地认为它们仍然处于同步状态（因为联系人信息仍然存储在设备上）。因此，尽管同步过程看似成功，但由于存储快速拨号链接的数据库已被删除，快速拨号界面显示为空白。这一发现揭示了同步机制中潜在的缺陷，需要通过改进设计来解决。

3. 超模测试法

我还在 Windows Mobile 设备上应用了超模测试法。通过该方法，我探索了用户界面在不同分辨率下的中心点和锚点问题。我特意将屏幕分辨率更改为一个很少使用的设置，然后开始浏览设备并执行一些基本的用户任务，如创建联系人、查看电子邮件和检查日历事件。在浏览日历事件的过程中，我注意到日历的周视图在屏幕中心显示。尽管日历提供多种视图，但直到切换到月视图，我才注意到一个居中问题。通过月份选择器更改查看的月份后，我发现选中的月份在重新绘制时显示在屏幕中间，而不是像其他视图那样位于顶部。这种错误的中间对齐是视图缺少适当的锚点导致的。这个发现强调了在不同分辨率和视图下确保界面布局正确性的重要性。

4. 破坏者测试法实战案例

当测试依赖数据连接的应用程序时，尤其适合用破坏者测试法。数据连接的不稳定性使得应用程序行为难以预测。在一次测试中，我发现了一个缺陷：该应用程序不仅依赖网络连接，还可能影响使用该应用的其他用户。以即时通信工具（Instant Messenger）为例，我成功配置并登录了应用。我使用的是 2.5G 设备，一次只能处理一个数据通道，我通过用另一部手机给该设备打电话来模拟网络连接的中断，这对 GSM 上的 Windows Mobile 来说会使设备网络连接变为挂起状态。接着，我尝试通过在台式机上使用相同账号登录来模拟切断移动设备与服务的连接。然而，移动设备的客户端没有收到账号已在另一个地点登录的通知，尽管如此，它似乎仍然保持连接状态，注销选项仍然可用。

破坏者测试法的另一种应用场景是打开设备的飞行模式，这将关闭所有无线电通信。如果应用程序未能正确接收无线电通信开启或关闭通知，可能会导致不稳定的应用状态。实验结果表明，当我登录 IM 应用程序后关闭蜂窝网络时，应用程序未能检测到无法连接，错误地持续显示为“连接”状态，这会让用户感到困惑。这些测试揭示了应用程序在处理网络变化时可能存在的脆弱性，需要通过改进设计来解决。

5. 超模测试法案例

以下是使用超模测试法的例子，我从设计的可用性和直观性角度发现了一个缺陷。当我在 Windows Mobile 上浏览一个连接地图的应用程序时，我尝试查找从当前位置到另一个位置（如餐厅）的路线。启动应用程序并定位到当前位置后，我尝试选择从 A 点到 B 点的导航路线。然而，用户界面并未提供直观的方式来选择当前位置作为起点。由于不确定当前位置的确切信息，我尝试输入目的地（B 点）并点击“前往”。这时，应用程序显示错误信息，要求我提供起点位置。矛盾的是，应用程序在启动时已经标出了我的当前位置。

这种不完整的提示在应用使用过程中给用户带来了麻烦。如果应用程序能够预填起始位置，那样这样简单的功能可能赢得用户的喜爱，而不是遭受网络上的激烈批评。这个例子凸显了在设计移动应用程序时考虑用户直觉操作和清晰指示的重要性。

三小时的漫游（精华游）

布朗（Shawn Brown）/ 文

我发现一种有趣的漫游测试方法，它不仅能增强团队合作和提振士气，还能发现许多典型的缺陷。考虑到我们的产品为旅行而设计，我们组织了一次户外测试探险活动。我们携带设备、充电器、工具和地图，驾车寻找缺陷。我们设定了 3 小时内发现 20 个缺陷的目标，同时还要享受这个过程。最终，我们发现了 25 个缺陷，而且团队成员都不愿结束探险回到办公室。

以下是详细报告。应用程序可能在受控测试环境中运行良好，但在终端用户手中，尤其是与其他移动应用程序或协议交互时，其表现变得尤为关键。随着移动设备需求的增长，技术面临着新的挑战，使得端到端测试的重要性日益凸显。

过去，计算机通常固定在专用房间内，不方便移动，因此测试中对环境的考量不那么关键。随着技术的进步，产品变得更吸引人，吸引的用户越来越多，他们更关注产品的功能而非背后的工作原理。随着技术用户群体的壮大，我们的测试策略也应不断更新，确保在制定测试计划时，优先考虑最终用户的需求。这并不意味着我们要放弃经过检验可靠的方法和测试分类，尽管我们可能需要根据测试时使用的技术对这些测试分类方法做出一些取舍。

尽管如此，但在许多地区，移动性和持续的网络连接已经成为日常生活的刚需。在定义测试策略或计划时，我们必须考虑包括移动性和持续连接性在内的新环境变量。Windows Mobile 包含许多组件，适用于各类用户，从学生到退休的生意人，他们无论身在何处，都希望随时获取最新信息和接收电子邮件。

为了模拟终端用户在各种场景下使用设备，一组测试工程师开始执行一些预定义的野外任务，这些任务设计为使用移动设备完成。我们应用了多种漫游测试方法，并在短时间内发现了诸多缺陷。尽管可选的漫游测试法很多，但我们发现超模测试法、破坏者测试法和强迫症测试法尤其有效。超模测试法特别适合检验移动平台上应用程序与系统任务的互操作性和集成性。在应用这些漫游测试法完成任务的过程中，每个参与者都必须紧绷那根“聚焦细节”的神经。我们必须特别关注设备满足某些基本需求，因为这些需求直接影响用户满意度：未满足的话会导致用户不满，满足的话能带来用户满意。这些基本需求包括：持续的连接状态、完成任务的性能标准以及导航功能，特别是用户遇到错误时能提供清晰的错误消息或对话框来指导用户正确操作。

通过应用多种漫游测试法，我们发现了传统静态测试环境中早期可能难以发现的一些新缺陷。在应用强迫症测试法时，我们发现尝试连接区域内所有 WiFi 热点进行网页浏览会导致 IE 浏览器意外崩溃。此问题的根源可能是身份验证错误或协议解释不一致。此外，漫游测试还揭示了 IE 浏览器无法正确显示认证页面的问题，导致认证过程无法完成。这些发现表明了漫游测试在识别实际使用场景中潜在问题的重要性。

对于我们这样的外出测试团队，破坏者漫游测试法尤其有趣。作为测试人员，我们的目标是挑战软件的极限，破坏者测试法为实现这一目标提供了合适的方法。当我们外出到公共场所时，团队成员会进行许多假设性的讨论，例如："我想知道如果在通话时同时播放一首歌会怎样？"这种破坏性思维逐渐累积，产生了连锁反应。在短短 3 个小时内，我们发现了产品中的许多新问题，这次外出的团建活动通过头脑风暴促进了不同队员对新思维方式的相互理解。

在整个测试过程中，我们特别关注超模测试法的应用。我们严格监督每个任务的执行，并在短短几个小时内发现了产品功能和体验上的大量缺陷。例如，我们发现错误对话框弹出但没有提供实际帮助，以及网络可靠性问题或人为破坏导致信息发送失败，这些问题甚至在网络恢复后依然存在。此外，输入框遮盖编辑区域的缺陷也被发现，这个缺陷可能给最终用户带来极大的困惑和恼怒。这些发现凸显了在实际使用场景中进行测试的重要性，以及不断探索新的测试方法的必要性。

6.4 实战案例：Windows 媒体播放器的旅游实践

阿格伯奈尔（Bola Agbonile）/ 文

我毕业于尼日利亚拉各斯大学，分别于 1990 年和 1996 年获得电气工程学士学位和工商管理硕士学位。目前，我在 Windows 媒体播放器团队担任软件开发测试工程师（SDET），负责 Windows Experience（WEX）平台的相关工作，我每天都能在工作中找到乐趣。

作为一名 SDET，我的主要职责是与团队合作，确保向客户提供高质量的产品。这一关键角色要求验证最终产品满足目标市场客户的要求并遵循项目经理编写的规格说明书。我还有一个主要任务，即确保产品能够通过一系列严格的测试，以验证其质量和可靠性。

先来认识一下 Windows 媒体播放器。

我在 Windows 媒体体验（WMEX）团队的 Windows 体验部门工作，与团队成员共同改进 Windows 媒体播放器（WMP），的旧版本。我们的目标是提供一款可靠、健壮且功能强大的媒体播放器，以满足目标市场的需求。例如，在 WMP 10 中，我们首次引入播放器与设备的同步功能。在 WMP 11 中，我们进一步增强了对媒体传输协议（MTP）设备的支持，包括自动同步和双向同步功能。WMP 支持同步、刻录、分割多种类型的文件，以及图片和 DVD 的复制。WMP 12 引入一个轻量级播放模式，提供了一个简洁、快速、简单且无干扰的用户界面。

作为一个界面为中心的应用程序，WMP 需要细致的漫游测试方法来确保其功能。具体来说，WMP 接受通过文本框、复选框、按钮等界面元素的输入。它向用户提供音频和视频播放功能。

以下案例描述我在漫游测试 WMP 12 时遇到的一些趣事。

1. 遍历测试法

就像环卫车的司机有条理地挨家挨户收垃圾，从一条街道到另一条街道，测试人员也可以系统化进行测试。一些测试人员可能按照第 4 章的建议，有条理地依次测试应用程序中彼此密切相关的功能。我采用的测试方法略有不同，会根据功能相似性将它们进行分类。以 WMP 为例，我的分类可能首先是用户界面，其次是对话框，接着是文本框和边界等。完成分类之后，测试人员可以开始系统执行测试任务。

WMP 的分类包含的内容如下所示：

1. WMP 的播放模式

1）播放控件

- 随机播放
- 播放
- 单曲循环
- 下一首
- 停止
- 静音
- 上一首
- 音量调节

2）按钮

- 切换到媒体库模式
- WMP 窗口最小化
- 切换到全屏显示模式
- WMP 窗口最大化
- 关闭 WMP

3）搜索栏

4）标题栏

5）右键菜单栏

- 标签拼写检查
- 键盘快捷导航
- 保存用户设置

6）热键功能

- Alt+Enter
- Ctrl+T
- Ctrl+P
- Ctrl+Shift+C
- Ctrl+H

7）对话框

- 选项
- 增强功能
- 选项卡
- 下一步按钮
- 可选按钮
- 上一步按钮
- 复选框
- 超链接
- 文本框
- 可选按钮
- 命令按钮
- 复选框

- 标签
- 悬浮工具提示
- 滑动条
- 鼠标指针
- 下拉菜单
- 默认语言设置
- 下拉列表
- 方向键导航
- 命令按钮

8）列表面板

9）中心面板

- 随机播放所有音乐
- 重复播放
- 继续播放列表
- 进入媒体库
- 播放上一个列表

10）外部链接

- Windows 帮助和支持
- 主题下载
- 查看信息中心

遍历测试法的优势在于通过分类应用程序的功能，使测试人员能够更系统地进行测试，同时减少使用其他方法可能忽略的功能的风险。例如，在用这种方法遍历 WMP 的功能时，我注意到并记录了一个缺陷。缺陷出现在中心面板上：当用户单击“播放上一个列表”时，应用程序并没有立即播放上一个列表的音乐，这与单击“随机播放”按钮和“重复播放”按钮立即开始播放新音乐的行为不一致。用户期望这些功能的响应保持一致。未使用漫游测试法的话，我可能会漏掉这个缺陷。

通过遍历测试法，我对 WMP 中心面板上所有按钮系统地进行了分类，并与其他相似类别的功能进行比较，以测试一致性（这只是其中一个例子）。这种方法有助于确保应用程序的每个部分能按用户的预期一致地工作。

2. 超模测试法

如果目标是最大化缺陷发现数量，那么这种方法就应当纳入考虑。在进行缺陷大扫除时，如果测试范围不受限制，那么准备充分的测试人员将具有优势。例如，使用超模测试法，我发现过一个文字拼写错误，这类容易发现的缺陷唾手可得，算是摘熟果子。在产品的早期开发阶段，这类缺陷尤为常见。

为了有效识别拼写错误，建议逐字阅读，并在心中默数一、二后再继续下一个单词。这是发现拼写和语法错误的有效方法。

我在 WMP 对话框中发现过类似缺陷：

“Do you want to allow the Web page full to access your….”其实应该是“Do you want to allow the Web page full access to your….”人们很容易因为读得太快而在脑海中自动纠正错句，导致眼前的错误被忽略。

3. 极限测试法

在进行手工测试时，要持续提出“如果……会怎样？”的问题。例如，考虑 WMP 的播放器模式和媒体库模式，我们可以这样问：“如果媒体库模式正忙，切换到播放器模式会怎样？”

提出这个问题后，我们可以通过执行媒体库模式的特定任务（如刻录音频 CD）和播放器模式的特定任务（如 DVD 回放）来探索答案。主要目的是验证 WMP 是否能妥善处理两种模式并行运行的情况，以及是否存在不良状况。

属于 WMP“如果……会怎样？”的 25 个问题

（1）同时通过 Shell 和 WMP 刻录光盘？
（2）将一个选项改为另一个选项？

（3）改变用户界面上元素的视图大小？

（4）通过 WMP 删除一个已经不存在的文件？

（5）双击用户界面上的一个元素？

（6）正在播放时退出全屏模式？

（7）在软件执行任务（同步，翻录，重放，刻录，转码）时退出 WMP？

（8）当有上下文菜单显示时，在自动翻录设置下插入一张音频 CD？

（9）在可编辑字段上输入 & 符号？

（10）播放联网内容时，禁用网络连接？

（11）回拨系统时间，尝试播放数字版权过期的音频？

（12）同时播放两张 DVD，一张用 WMP 播放，另一张用第三方应用程序播放？

（13）使用 WMP 的同时播放两个在不同 ROM 驱动器上的 DVD？

（14）正在播放的过程中点击键盘按键？

（15）阅读网页帮助文档？

（16）重复多次输入快捷键？

（17）将内容同步到一个已经没有存储空间的设备上？

（18）在没有硬盘空间的电脑上同步 / 刻录 / 翻录内容？

（19）与两个设备同时进行同步？

（20）执行同步 / 刻录 / 重放任务时，让电脑休眠？

（21）使用带有电源的笔记本对文件进行转码？

（22）在文件获取 DRM 许可证之前，对文件进行转码？

（23）关闭一个选项，然后验证这个选项是否处于关闭状态？

（24）不选择对话框的任何选项（如自定义的树状图）？

（25）使用智能搜索，然后用鼠标对结果其进行拖拽和存放？

4. 极限测试法：边界测试

这是我最喜欢的漫游测试方法之一，因为它让我觉得自己就像真正的侦探一样探索软件的边界。边界测试是在功能边界附近执行测试，目的是寻找潜在的突破点。边界测试是极限测试法的特例，它指导我们对软件施加极端条件，力求发现潜在的问题。

以下是几个典型例子：

- 在文本框中输入允许的最大字符数或空字符；
- 创建一个层次结构非常深的文件目录，然后在最里面的一个文件夹中放一个媒体文件，并尝试在 WMP 中播放该媒体文件；
- 单击非常靠近按钮边缘的区域，看是否仍然可以识别菜单。

例如，在 WMP 中，当我试图在一个只接收数字的文本框中输入字符时，采取的预防措施是提示用户只能输入数字。

我在另一个选项卡上进行更多的测试，发现对话框内的文本缩进有问题。

边界测试发现的缺陷本质上各有不同，包括缓冲区溢出、数据处理不当和用户界面格式错误等。

6.5 实战案例：VSTS 测试版中的停车场测试法实践

斯坦尼夫（Geoff Staneff）/ 文

2004 年，我加入微软，当时我拥有加州理工学院材料学博士学位，但没有任何编程经验。在最初的 9 个月，我上午学习计算机科学并接受测试培训，下午参加 Windows 事件日志的测试。到年底，我编写了 5 万行本地测试代码，提交了 450 个缺陷，而且这些缺陷中有 80% 得到了修复。

我转到 Visual Studio 项目组后，我的工作重点有了显著的变化。工作内容包括测试产品和编写及维护测试代码，而且大多数测试任务都通过手动或半自动化方式执行。尽管日常工作内容有很大差异，但测试的核心目的是一致的。

我的桌子上有一本实验记录本，用于记录已识别的缺陷、跟踪重复出现的问题以及标注需要进一步研究的有趣发现。

6.6 实战案例：冲刺活动中的测试

我们的开发团队和测试团队在每个冲刺周期内都能紧密合作。对于测试团队来说，标准工作是在每次开发团队提交代码后且在下次提交前生成测试版本，并参与相应版本的代码评审活动。因此，我们有一个特殊优势，即能够预知某些类型的缺陷可能出现在哪些区域。

我没有直接进入这些已知风险区域，而是采用一种更有条理的方法，这是我多年科学实验经验的总结。面对一个新的应用程序或新版本，我首先执行简单的停车场测试，以此来获得对应用概况的初步了解。理解应用程序各部分如何协同工作后，我会记录下值得深入关注并持续测试的区域。

接下来，测试重点集中在个别功能上，同时关注特定方面，如可访问性、触发所有错误对话框或测试所有默认值的使用。这些方法可以在《如何攻破软件》一书中找到，或参考本书第 3 章“局部探索式测试”中的总结。

通过应用停车场测试法和破坏者测试法，我通常能够迅速识别大部分明显错误的“硬伤”。

我最后一轮漫游测试专注于更有针对性的策略。经过几天对产品测试性能的观察，我认为该采用更有破坏性的测试方法，挑战产品开发过程中的假设。我主要采用的是后巷测试法和强迫症测试法，这两种方法基于对产品性能的观察，尽管这些观察在技术上可能符合标准，但可能不全面或过于狭隘。

在两个高强度的冲刺阶段中，我每个周期平均发现大约 75 个缺陷，除了 5 个例外，其余都在发现当周的周末前得到了修复。

我们采用的是低成本模式，即如果开发人员在周末前修复缺陷，测试人员则不会正式记录它们。这种安排有助于加强开发团队与测试团队之间的协作，减少处理缺陷报告和文档的时间，同时快速提升产品质量。如果缺陷处理需要几天而不是几小时，这种方法可能不适用，因为未记录的缺陷细节可能会丢失。

通过每天完成新版本的开发和测试，我们保持着轻快且稳定的工作节奏。首先，开发人员每天截止前通知我们哪些缺陷已修复，测试人员则集中精力测试新开发或修复的功能。其次，固定的测试时间确保开发人员能定期获得产品进度和状态的相关反馈。开发人员迫切希望在第二天收到测试人员对已修复缺陷的验证反馈，因此他们需要与测试人员紧密合作，确保测试能在每天的截止日期前完成，以保证实现的功能与需求说明一致。

我们保持着高代码改动率和快速检入及测试周期，因而能有效掌握缺陷情况并尽早发现关键缺陷。冲刺阶段的测试周期短且采用迭代模式，因而非常适合应用探索式测试。我们还每隔几天就用常规漫游测试法，如卖点测试法或旅游指南测试法，以确保全面覆盖新开发的功能。尽管过去 4 个月中我们和其他团队频繁使用这些功能，但我不记得发现了任何新的缺陷。

回顾通过漫游测试发现的这些缺陷，按照缺陷发现的方法进行分类，各方法占比如下：

- 9% 来自出租车测试法（键盘或鼠标等）
- 9% 来自遍历测试法（在释放 / 删除资源后再查看该资源）
- 15% 来自后巷测试法（尝试已知的错误操作，如关闭对话框两次）
- 18% 来自强迫症测试法

- 19% 来自地标测试法
- 30% 来自超模测试法

通过超模测试法发现的缺陷通常不会严重到需要召回产品的程度，后巷测试法和遍历测试法发现的缺陷却往往需要发布补丁包或召回已发布的产品进行修复。尽管超模测试法未直接揭示严重问题，但它确实揭示了需要进一步集中测试的潜在风险区域。例如，用户引导功能通常不会用小写的L作为取消按钮的快捷键；相反，一般保留Esc键作为取消按钮的快捷键，但这是没有任何视觉提示的。通过使用后巷测试法并多次利用键盘快捷键取消用户引导功能，揭示了未处理的异常和用户界面时序问题，即一个模态对话框隐藏在等待用户操作的用户界面元素之后。当然，连续多次取消同一个使用向导的情形在实际使用场景中较为罕见。

在重新检查先前测试过的功能时，我通常会再次应用停车场测试法。即使两周前的功能验证中未发现问题，我最近还是用这种方法发现了两个新的功能缺陷。这表明，如果仅严格遵循测试脚本并追求效率，我们可能会错失发现这些问题的机会，从而延长发现系统中新缺陷的平均时间。这种持续的、迭代的测试方法对于确保产品质量和及时发现问题至关重要。

6.7 实战案例：停车场测试法

停车场测试法的灵感源自家庭度假中的常见情景，即地图上看似相近的两个点实际上距离较远，以至于开车从一个地点到另一个地点的计划变得复杂。这种计划常常导致一家人在某个景点关门后才能到达，除了看看停车场无事可做，随后又得匆忙赶往下一个即将关门的景点。在我现在的团队面试过程中，我应用停车场测试法成功识别了一个影响应用程序可用性的缺陷以及一个导致应用程序崩溃的问题。

- 主要目标：在测试范围内确定所有功能的入口点和容易出错的地方。
- 次要目标：确定哪些地方使用哪些漫游测试法更有效。
- 意外目标：在第一轮测试中能够列举出任何导致产品不可用的缺陷。

在某种意义上，停车场测试法可以视为地标测试法和超模测试法的结合。在第一轮测试中，我们不需要进行太深入的探索。我们更关注的是代码如何表现其功能，而不仅仅是它的具体操作。

6.8 实战案例：漫游中的测试规划和管理

斯坦尼夫（Geoff Staneff）/ 文

如果测试人员对探索式测试表现出兴趣，管理者有时会误以为他们在排斥结构化和计划性的测试方法。利用旅游类比，管理者可以了解测试的可重复性，并明确哪些功能已经测试过。同时，测试人员能在测试过程中保持自主性，并进行真正的探索式测试。本节介绍一些行之有效的策略和技术，事实证明，它们适用于以漫游测试法为主的测试过程管理。

6.8.1 明确探索式测试的意义

针对关没有在工作中用过探索式测试的人，站在他们的立场来讨论探索式测试时，通常会遇到两个问题。第一个问题是，他们不确定应该测试什么内容以及如何进行测试。具体来说，当测试人员面对被测应用程序时，需要决定从哪里开始测试以及如何进行测试。第二个问题是，他们担心测试知识的可移植性。例如，如果之前负责探索式测试的测试人员已经离职，导致没有人能够对功能或产品进行后续测试，该怎么办？

这两个问题都可以通过漫游测试法来解决。漫游测试是一种测试方法，它定义了我们要测试什么（测试内容）以及如何测试（测试过程）。通过一个明确的漫游测试方法，如超模测试法，为特定的功能或产品指定缺陷观察者（测试人员）后，就可以确保该功能或产品的测试工作已经得到妥善安排。尽管测试人员可能根据自己的方法发现其他类型的缺陷，但整个测试过程已经倾向于检查那些影响产品外观的缺陷。

在利用大量测试脚本精确描述产品缺陷时，漫游测试规定了测试行为和缺陷类型，允许测试人员自行决定如何确认缺陷。这种方法使管理人员能够自由制定测试策略，同时又不至于影响测试人员选择适合特定功能的探索式测试方法。

第二个问题不仅限于探索式测试，而是整个测试行业面临的挑战。随着经验的积累，测试人员能更深入地理解软件系统的构建和常见错误，从而更有效地发现典型和特定阶段的缺陷。然而，这些宝贵的经验可能因多种原因而丢失，给测试过程带来重大损失。测试人员可能因休假、调动或离职等暂时或永久离开，从而削弱测试团队的能力。

漫游测试的价值在于它定义了测试的范围和方法，使任何理性的测试人员都能执行相似的测试并发现相似的缺陷。虽然漫游测试不专门用于发现文字排版的细微变化，但它可以指导测试人员在进行漫游测试时专注于发现特定类型的缺陷。

成功的漫游测试旨在有针对性地暴露特定类型的缺陷，同时提供足够的细节以增强测试的目的性，而不是限制测试人员关注的功能范围或缺陷类别。因此，关键的一步是记录漫游测试中衍生的顺路游和配套游，因为测试人员可能忽略这些可以发现缺陷的机会，只是记录测试点，以便日后有更多精力时再深入研究这些计划外的有趣领域。

漫游测试为测试过程制定了一些原则。测试人员可以选择在顺路游中继续原来的漫游测试，或者在测试地图上标记兴趣点（POI，Point of Interest），在测试结束后再处理这些兴趣点。通过区分漫游的起点和终点，测试人员可以在后续测试中继续使用这些漫游测试，并了解哪些漫游测试组合能够有效地暴露被测对象的所有缺陷。在这种情况下，我们可以决定是扩展预先计划的漫游路线还是只遵循常规路线，并在未来跟踪这些顺路游的机会是否被其他测试人员所发现和利用。

当产品功能众多而需要在新员工中分配工作时，扩展常规漫游路径是有益的。这样做可以帮助确保测试任务的合理分配，同时避免工作中的重复和冗余。

如果有机会测试同一个应用程序的不同版本或相似类型的应用程序，那么跟踪那些反复出现的顺路游就有价值。如果发现某些关键的顺路游在某些情况下未被执行，那么可以安排一次专门的漫游测试，确保不遗漏任何严重缺陷。

接下来要介绍软件开发生命周期的各个阶段中如何有效使用工具来支持测试工作。

6.8.2 漫游测试规划

在启动前往新的城市旅行之前，考虑周全的旅行者会收集目的地的基本信息。同理，在进入一个陌生的测试环境时，提前做好准备至关重要。这包括了解应用程序使用的语言、货币兑换情况以及用户界面的友好度等。为了更好地了解应用程序，可以采用特定的测试方法（如地标测试法或停车场测试法），来探索关键功能。

在开发周期的每个迭代结束时，测试的目标是报告任何可能阻塞应用程序的缺陷，并确保用户在使用应用程序时路径顺畅。漫游测试的目的在于覆盖核心场景，并提供机会发现那些可能被忽视的异常情况。

漫游测试法适用于软件开发的整个周期。与专注于外观的测试技术（如超模测试法）相比，一些测试技术（如出租车测试法）更早地用于检测控件功能实现的正确性。即使测试人员不了解应用程序的私有数据结构或类结构，也能揭示与这些结构相关的缺陷。因此，尽早发现系统性错误，如类或控件的不当使用，可以避免应用程序依赖这些错误行为后修复缺陷的风险变得太大、耗时过长或难以理解变更的影响。

在早期迭代中，测试目标应包括以下要素：

- 尽早发现设计缺陷；
- 发现使用不当的控件；
- 发现用户界面 / 可用性上的不足。

漫游测试法的目的在于确保测试工作专注于完成，而不是单纯追求测试方式。这种探索式测试专注于实际的业务目标和用户需求，而不是测试过程本身。有目的的漫游测试法，如地标测试法和出租车测试法，可以帮助测试人员更有效地发现和解决问题。在迭代的开始阶段，测试工作通常侧重于发现和修复大的问题，以确保基础功能的稳定性和可靠性。

后期开发阶段的测试目标包括以下要素：

- 确保公共功能正常运行；
- 确保用户数据安全性；
- 确保交付的软件符合预期要求；
- 描述功能特征的适用范围；
- 确认先前发现的缺陷不再复现。

这些测试目标让漫游测试变得更精准，使探索式测试更专注于以特定方式探索特定的功能或问题。这些特定的漫游测试方法，如后巷测试法、遍历测试法、超模测试法和雨天测试法，都是针对不同测试需求和场景来设计的。

在漫游测试过程中，测试人员应该根据测试目标和应用的特点做出有目的和有计划的调整。例如，如果考虑使用地标测试法，测试人员就需要决定是否只用鼠标来操作应用程序，这将影响测试的范围和深度。

无论采用哪种测试技术，测试人员都必须从项目开始就有效地计划和分配测试资源。这通常意味着在开发和测试之间有时间差时，测试人员要对应用程序的各个部分进行单独测试，而不是等待一个完整的端到端场景。即使在应用程序接近完成时，测试人员也应该优先使用那些适用于迭代初期的漫游测试方法。这些方法有助于识别更深入的测试机会，并指导如何分配后续的测试资源。

6.8.3 漫游测试用起来

探索和变化是探索式测试过程的核心，但在整个测试过程中，确保漫游测试策略和方法与测试目标保持一致至关重要。这意味着专注于测试的最终目的，例如，如果漫游测试计划旨在覆盖 N 个主要功能，就必须确保这些功能在测试中得到实际覆盖。

这一建议适用于测试人员和测试经理：按照计划执行漫游测试是识别更多潜在问题和提供后续测试方向的关键。漫游测试应该是可复用的，能够由不同的测试人员执行，满足不同的测试重点。

每次执行漫游测试的时间通常只有几个小时，因此在测试期间中断是不明智的。相反，明确测试目标可以最大限度地减少中断带来的损失。测试人员发现产品中的缺陷并不意外，但更重要的是理解缺陷发现过程和产生原因。

漫游测试提供了一个框架，帮助其他测试人员通过这个框架找到类似的缺陷。当测试人员在测试过程中偏离原计划时，虽然仍然可能发现缺陷，但这可能导致失去对测试焦点和重点的关注，使得后续的漫游测试安排变得更加困难。

测试人员追求发现“好的缺陷”是值得鼓励的，但如果导致他们忽视其他部分的测试，就可能使一些高风险区域处于未知状态。即使能够立即发现缺陷，如果不能确保回到原定的测试路线，测试结束后也无法准确知道遗漏了哪些测试内容。

6.8.4 漫游结果分析

漫游测试过程中，测试人员可能偏爱特定类型的测试，例如对某些功能特别关注，这可能引入一些偏见。这种偏见不仅为已经测试过的软件部分提供了大量信息，还为判断是否需要进一步的漫游测试提供了依据。

测试人员在使用漫游测试时，会指出哪些区域适合进行更深入的探索（即顺路游），并报告一些并非完全通过漫游测试发现的缺陷。即使这些缺陷不是测试的重点，其重要性也足以引起注意。这种做法为更多测试人员提供了参与的机会，帮助他们掌握测试过程的主动权。

测试人员能够清楚识别哪些区域适合进行顺路游，并在之前可能被遗漏的功能区域执行更深入的测试。此外，缺陷报告中那些不属于漫游测试重点的缺陷，提示我们可能需要执行上一轮那样的漫游测试，但这次要将重点放在意外发现的缺陷上。

当多个测试人员执行相同的漫游测试时，报告的缺陷可能会有重叠。这些重叠缺陷的数量可以帮助我们估计产品中尚未检测出的同类缺陷的数量，或者指导我们是否需要在该区域安排进一步的漫游测试。直到不同测试人员的缺陷报告趋于一致，我们才能认为该区域的测试已经足够全面。

实际上，让多个测试人员执行相同的漫游测试并不浪费资源。相反，让不同测试人员使用相同的测试脚本执行测试用例才是真正的资源浪费。漫游测试允许测试人员根据个人的战略决策来执行测试，尽管测试的基本方法是相似的，但每个测试人员的具体执行方式可能有所不同。

尽管这可能看起来与我之前提到的“漫游测试可以增加不同测试人员在不同时间发现缺陷的可能性”相矛盾，但实际上并不矛盾。即使漫游测试有规律地暴露了某一类特定类型的缺陷，仍然有可能发现其他不同类型的缺陷。例如，即使是表象不同的缺陷，其根本原因可能都是同一个故障。

6.8.5 决策：里程碑 / 发布

漫游测试是一种有效的工具，可以帮助我们汇报产品质量。通过使用漫游测试，我们可以确定产品中哪些功能可以正常工作以及这些功能表现如何。此外，漫游测试还能帮助我们了解原计划的任务完成情况以及这些任务相关的功能是否产生了额外的测试路径。

从更宏观的角度来看，漫游测试可以帮助我们评估指定功能中存在未知缺陷的可能性以及还有多少缺陷有待发现。同时，它还能帮助我们识别在漫游测试过程中不太可能发现某些类型缺陷的区域。

尽管漫游测试每小时发现的缺陷数量可能与其他测试方法相似，但它的优势在于能够优先识别关键的缺陷类型。这样，我们可以更早地进行预期风险的检测，并采取相应的预防措施。

6.8.6 实践

环境和团队的工作方式决定着应该选择什么样的测试策略，包括如何分解工作并应用基于漫游测试法的测试方法。一些测试团队可能会在功能设计阶段就参与进来，及早为功能的可用性和可测试性提供意见。而另一些测试团队可能与开发人员没有直接接触，只有在开发人员认为功能“完成”时才介入。

无论测试截止日期是什么时候，测试员都应该从广泛的或宏观的漫游测试开始。这有助于确定哪些区域需要更深入的探索，并据此安排具体的漫游测试。探索式测试第一轮和第二轮之间的反馈非常关键，因为测试员这时需要决定如何总体分配测试资源。

因此，初期阶段严格遵守既定的漫游路线至关重要，这将有助于确定哪些地方在未来需要进一步调查。首先明确自己负责的测试区域，其次才是将精力集中在特别有趣或故障高发的地带。

小结

漫游测试的概念在微软内部的应用极大优化了软件测试人员的手工测试工作。这种方法帮助了测试人员，使他们的测试活动更加连贯、规范并有明确的目的性。通过漫游测试，测试人员不再只关注单一的测试用例，而是更多关注测试设计和测试技术等更高层次的概念。

所有参与这些项目的测试人员，以及在其他案例中，大家都认为漫游测试是一种有效的方法。它不仅是测试效率提升工具，还是研究和交流测试技术的良好途径。通过漫游测试，测试人员能够更深入地理解软件的行为，设计更全面的测试策略，有效地交流他们的测试方法和发现。

思考与练习

1. 从本章中选择任意一个缺陷，说出找到该缺陷的漫游测试方法。除了本章中作者引用的漫游测试法，能否用其他漫游测试法找到类似的缺陷？

2. 在本章中随机选择两个缺陷，对它们进行对照和比较。在你看来，哪一个缺陷更重要？基于你的观点，你认为这个缺陷会对偶然发现它的用户产生什么影响？

3. 超模测试法被认为是用于用户界面测试的“妙方”。你能描述这种方法能否用于测试 API 或者测试用户界面很少或完全没有的软件？

第 7 章　漫游测试的主要痛点

写垃圾代码只需要区区 3 分钟，通过测试来找出问题却需要整整一天的工夫。

——杰西卡·加斯顿

7.1　软件测试的五个痛点

纵观人类历史，没有任何社如此过度地依赖那些可能存在严重缺陷的产品。软件不仅控制着政府、法院、银行、国防、通信、交通和能源，而且还掌握着有朝一日重塑我们这个星球的计算密集型关键解决方案。如果没有软件的计算能力，我们将如何稳定经济市场、实现清洁能源或控制变化日益加剧的气候？除了人类思维的创新精神，相比软件，还有什么工具对人类的未来更重要？

然而，软件却以“比历史上其他任何产品都更易出现故障”而闻名。纪录片中充斥着船只搁浅、大面积停电、医疗设备故障、航天器爆炸、财务损失甚至人员死亡的真实故事。小故障如此普遍，以至于微软内部流传着这样一个笑话，公司员工是自己所有不懂技术的朋友和家人的售后技术支持。让计算机为人类做有用的事情是一项巨大的成就，但它们的复杂性对我们今天的软件开发能力来说仍是一个巨大的挑战。

行业依赖测试来确保创新和可靠性之间的平衡。软件开发的复杂性和代码编写人员的易错性相结合，使得错误不可避免。然而，作为管理和减少错误的过程，测试自身也有一些严重的不足。5 个最令人担忧的痛点是本章讨论的主题，我们必须解决这些问题才有望使未来的软件胜过今天的软件。

在全面讨论漫游测试之后，这一章将引导读者使用该方法来缓解下面 5 个痛点：

- 无目的性；
- 重复性；
- 瞬时性；
- 单调乏味；
- 无记忆性。

7.2 无目的性

没有目的的生活有哪些弊端，这方面的著述颇多，但在测试领域，最大的痛点是“没有目的的测试”和现代“测试实践的无目的性”。测试并不只是简单执行任务，它还需要深思熟虑的计划、准备、策略和适应性战术。然而，许多软件组织忽略了测试前的充分准备，只限于机械地执行测试。

测试相当重要，不可以随意对待。

我在佛罗里达理工学院负责软件测试课程时，有个学期选课人数太多，于是我决定做一个实验，试图激励所有学生认真对待软件测试。第一天，我把全班同学召集到计算机实验室，指导学生确定要测试的应用程序，然后两人一组进行测试。作为一种激励，我告诉他们，只有能够展示出实际技术能力的学生才能继续留在班上。如果他们做不到，我会让他们自动退出， 这不是我的本意，但对我的目的来说，这种威胁已经足够了。

我在实验室里徘徊，这样做显然增加了房间里的紧张气氛。我偶尔会拦住一对学生，问他们打算如何系统地找到缺陷。

每次我提出这样的问题，都会得到一些类似的回答："不确定，教授，我们只是希望它出错。"最后，一些聪明的学生意识到这些答案并不奏效，开始回答一些规则策略。事实上，我记得导致我录取第一对学生的确切说法是："我们正在浏览所有输入长字符串的文本框，希望能找到一个不检查字符串长度的地方。"[①]

这就对了！也许这不是最好或最重要的策略，但它至少是一种策略，有助于对抗无目的性。软件测试人员在进行测试时，往往缺乏具体的策略和目标。在手动测试时，测试人员往往缺乏明确的目标和策略以至于测试过程显得随意。自动化测试的目标可能不够清晰，有时仅仅因为测试人员具备编写代码的技能，并没有充分考虑测试的有效性、长期价值以及维护成本。

必须停止这种无目的性的软件测试。我们需要逐步引导每个团队采用更有目的性的测试方法。"测试经理会提出多少次直接进行测试，不必寻求更有效的方法这样的建议？"马上停止这种无目的的过程。

我知道，说起来容易做起来难。毕竟，即使是最简单的应用，也有无限多的测试可能。但我认为，测试的目标是有限的，需要我们明确定义并集中精力实现。

7.2.1 定义需要测试的内容

软件测试通常基于组件（如代码文件和程序集）或特性（组件的特定功能）来划分应用程序，并将其分为几个部分，然后为这些组件或特性分配测试人员或测试团队。在我工作过的许多公

---

① 他们也发现了一个缺陷，参见《如何攻破软件》的攻击方法。

司中，通常有专门负责不同特性的团队，并且有时会为每个重要的组件指定一个独立的测试负责人。

但是，仅基于组件和特性的划分并不是优秀的测试实践。用户并不关心组件和特性，他们关心的是功能——即由各种组件和特性实现的功能。如果我们根据功能进行测试，就能使我们的测试与现实世界的使用情况更紧密地结合起来。

例如，我可以从用户角度选择一组功能作为一个整体来进行测试，或者专注于一个单一的功能。我可以有目的地探索跨功能的特性，同时也可以专注于单一功能的特性。我可以探索跨越组件边界的功能，也可以专注于组件内的功能。我可以依靠架构文档或书面规范来创建一个指导测试的组件、特性和功能关系图，以确保我尽可能地覆盖这些有趣的组合。

专注于更细颗粒度的功能，而不是更高层次的组件和特性的概念，使我能够更好地理解需要测试的内容。为了全面测试一个特性，我需要以不同的程度和顺序调用相关的功能。通过明确指出要调用这些功能，这项工作更有目的性，更清楚地说明进度和覆盖率。

7.2.2 定义何时进行测试

将特性分解为功能的想法可以帮助组织测试团队，专注于模拟用户的真实使用情况。在理想情况下，手工测试人员通过模拟用户执行相应任务，可以发现那些微妙但重要的缺陷。然而，这在很大程度上依赖于前期测试有效减少“缺陷噪声”的总体水平。

我把那些频繁出现且容易发现的缺陷和问题称为“缺陷噪声”，它们会分散测试人员的注意力，影响其生产力。如果测试人员的工作主要集中在发现那些容易发现的技术问题，如在只允许数字输入的字段中输入字符等，那么生产力会下降。在理想情况下，所有这类问题在理想情况下，所有这类问题都应通过开发过程中的自测、单元测试和代码审查等活动来发现。如果不这样，大量的手工测试将被浪费在发现这类缺陷上，这意味着测试人员没有更多时间运行漫游测试，以发现那些不易察觉但可能影响更大的问题。

随着时间的推移，了解每个测试阶段的测试策略与实际发现错误之间的匹配是很重要的。在微软，这是错误分类过程的一部分。我们应该明确每一个被发现的错误应该在哪个测试阶段被发现，这样就可以学习如何根据历史错误数据来集中进行评审和单元测试。完善错误分类和测试策略优化的过程需要几个项目周期，但从长远来看，这是值得的。

7.2.3 定义如何测试

前面的观点集中在测试阶段，所以这里要聚焦于测试类型，特别是指手工测试和自动测试。在第 2 章中，我花了大量的精力来描述两者之间的差异，所以这里不再赘述。然而在手工测试中，对如何发现错误进行分类也是很有用的。是随机测试，还是脚本化测试， 还是探索式测试？是否有一个特定的路径引导测试人员找到相关的缺陷？如果有，请记录下来。

很多团队已经做了大量研究来寻找测试技术与缺陷之间的关系。最终，小组中会出现一种集体智慧，即某些缺陷类型与特定的漫游测试或技术相关联，让测试人员知道“这个功能 / 特性最好以这种方法来测试”。

漫游测试方法的价值在于，它是一种识别更高层次的测试方法，随着时间的推移，逐步找到漫游测试与基于特性的测试和被发现的缺陷之间的关系。一旦团队建立了一套清晰而有效的漫游测试方法，就能够理解各种特性和缺陷之间的联系，基于这种联系的测试不会再像以前那样漫无目的。

7.3 重复性

测试复测试，测试何其多。测试工作随着应用程序特性的增长而不断增加。我们对已有特性进行原来的测试，对新的特性进行新的测试。随着时间的推移，即使是原来的测试也仍然有其历史价值。

即使是腐朽的测试也有其作用。随着 bug 的修复，必须重新测试特性和功能，现有的测试用例被视为重新测试应用程序最经济的方式。事实上，浪费任何测试用例都是愚蠢的，一次性测试资产的想法对忙碌和加班过度的测试人员来说令人反感。业界已经发现测试用例的重复使用非常有用，我们已经给这项活动起了一个特殊的名字，如回归测试，甚至回归套件（使其听起来更彻底），以凸显其作用和重要性。对于任何规模和寿命的应用程序，回归测试案例有时达到数百万个。

让我们暂时把维护大型测试套件的问题放在一边，把注意力集中在测试用例的重复性问题上。沿用过时的测试路径和数据或环境配置的测试用例组合，发挥的作用有限。虽然它们对于验证缺陷修复有用，但对于发现新错误或测试代码变化的潜在副作用，其作用有限。同样，它们对测试新的或实质性修改的特性也不够有效。更糟糕的是，许多测试人员和开发人员没有理由地相信这些测试，尤其是当它们的数量很大时。运行百万级测试用例表面上听起来很好（至少对部门经理和副总裁来说），但真正重要的是这些测试用例的质量和内容。回归套件的百万级用例执行通过，这到底是好消息还是坏消息？是真的没有缺陷，还是回归套件没有能力找到剩下的缺陷？为了理解测试结果的真正含义，我们必须清楚已经运行的测试以及我们计划执行的测试如何补充现有的测试效果

7.3.1 获取已执行的测试

当一个回归测试套件执行通过时，我们不能确定这是个好消息还是坏消息。贝泽尔（Boris Beizer）用“杀虫剂悖论”这个比喻来描述一个现象。如果你用同一种杀虫剂喷洒农田，你会杀死大量的害虫，但留下来的那些害虫很可能对这种杀虫剂产生强烈的耐药性。回归测试套件和重复使用的测试用例没有什么不同。一旦一个测试套件发现覆盖范围内的很多缺陷，那些遗留下来的缺陷就会对未来的测试产生免疫。悖论在于：应用的用例越多，随着时间的推移，找出来的缺陷所占比例就越小。

农民需要了解他们使用的农药，并知道其效果可能随时间的推移而降低。同样，测试人员必须了解已经做了哪些测试，并认识到重复使用相同的老技术无法发现更有价值的缺陷。为了克服“杀虫剂悖论”，我们需要对测试目标和关注点进行智能调整，确保我们的测试策略能够适应应用程序的变化，有效地发现和隔离缺陷。

7.3.2 理解何时注入变异

解决“杀虫剂悖论”意味着农民必须修改其农药配方，而对于测试人员，则需要在漫游测试和核心测试用例中注入变异。这个主题比本书涵盖的更大，但也是贯穿漫游测试理念的重要组成

部分。通过建立明确以目标为导向的测试技术，并了解使用这些技术会发现哪些类型的缺陷，测试人员可以挑选更适合自己目的的技术，也可以根据需要调整或组合这些技术。本书介绍的方法通过不断改变测试重点来确保测试策略的有效性和适应性。

当然，选择正确的方法也是一个不错的选择。农民通过选择针对特定害虫和作物有效的杀虫剂，能够更有效地控制病虫害。对于测试人员，场景和漫游测试就是他们的“杀虫剂”。正如第5章所述，在场景中注入变化，以不同的顺序、数据和环境进行漫游测试，可以帮助确保测试方案的不断变化，从而使潜在的缺陷难以隐藏。

真正的杀虫剂都有标签，显示它们对哪些作物是安全的，以及它们针对的是哪些昆虫。我们还不能像选择杀虫剂那样精确选择测试策略，但杀虫剂制造商通过不断的试验和学习，发展出今天的高效产品。软件测试人员可以而且应该采取相似的方法。

7.4 瞬时性

通常，有两个大的群体会发现软件缺陷：专业的测试人员和最终用户。与专业测试人员不同，用户使用软件进行日常工作、娱乐或社交等活动时，并非有意寻找缺陷，但他们的使用过程可能在无意中揭示缺陷。通常，应用程序与用户系统环境中的实际数据相互作用，这种复杂的交互可能导致软件失效。因此，测试人员应该致力于在测试实验室中复现这些数据和环境条件，以便在软件发布前发现并修复这些错误。

实际上，几十年来，测试界一直在努力尝试在测试实验室中重现用户环境，无论是通过让用户直接参与测试还是通过模拟他们的使用场景。我的博士论文主题就是统计学在测试中的应用，我并不是第一个探索这个领域的人，我那个长长的参考书目清单可以证明。然而，这种方式的成功很有限。

尽管测试人员可以努力模拟用户行为，但完全复制用户环境和行为的复杂性是具有挑战性的。除非测试人员与软件有非常深入的了解和持续的互动，否则他们可能忽略一些重要的问题。测试人员的角色是确保软件在发布前的质量，一旦软件发布，他们通常就会转移到新的项目或任务。

就像自己的房屋一样，房子建得多好并不重要。在施工过程中，建筑商和分包商有多勤奋也不重要。房子在施工的每个阶段都可以由承包商、业主和相关专业检查人员进行彻底检查。但有些问题只有在业主入住一段时间后才会被发现。想象一个业主在里面就餐，睡觉，洗澡，做饭，聚会，休息等，一切在家里可以做的事情。直到孩子在浴室洗了一个小时的澡，才发现下水道有问题。直到汽车在车库里停了一夜，才发现混凝土板上缺了钢筋。时间是一个重要的因素，可能需要几个月的时间，灯泡以每周一个的速度坏掉， 才能发现线路中的故障，而在钉头开始从干墙中突出，必须经过一年的时间。怎么可以期望房屋建筑商或检查员发现这些问题呢？

正如房屋建造中有些问题只有在入住后才能发现，软件测试也面临着类似的挑战。软件必须运行在真实的用户手中、真实的环境和真实的数据条件下，因为只有这样，我们才能揭示那些在受控测试环境中无法预见的问题。对于测试人员而言，这些错误类似于房屋建造者面临的钉子爆裂和缺少钢筋的问题——它们只有在经过一段时间的实际使用后才会显现。

本书介绍的漫游测试和其他探索式测试方法不适用于长期使用过程中出显现的常见问题。让用户参与测试并让测试人员与用户接触，可以帮助测试人员更准确地模拟用户行为，设计出更接近实际使用场景的漫游测试活动。测试人员也能力有限，我们必须了解并接受这一点。

了解测试的局限性，并为我们的用户制定一个详尽的测试计划和反馈机制，这是明智的选择。认为软件上市发布后项目就结束，这样的想法是错误的。维护期经常被忽视，但它实际上是测试阶段不可分割的一部分。我将在第 8 章讨论这个话题，探讨测试的未来和如何更有效地整合维护期以提高软件质量。

7.5 单调性

测试工作是枯燥的。不要假装自己从来没有听过开发人员、设计师、架构师或其他非质量保证导向的角色表达这种情绪。事实上，我认识的质量保证人员中，很少有人不同意他们每天做的事情不是枯燥无味，就是单调乏味和缺乏创造性。

大多数人在职业生涯的早期找到缺陷的时候，确实会很兴奋，但随着时间的推移，会逐渐变得单调乏味。我认为，初期专注于找缺陷的工作是一种重要的入门经历，有助于新手测试人员了解测试文化、技术和思维。然而，如果长期只专注于此，可能会让人感到沮丧。这种单调性是许多测试人员离开这个领域的主要原因之一，他们认为设计工作和开发工作更有创造性。

忽视测试中有趣和具有挑战性的战略问题是短视的。测试中充满有趣的、战略性的问题，如决定测什么、如何结合多种特性和环境进行测试以及构建一套适合整个测试过程的测试策略。

所有这些问题都是有趣且具有战略意义的，但在实际测试过程中经常被忽视。而测试的执行部分，即实际运行测试用例和记录错误，尽管可能较为枯燥，却是大多数测试人员日常工作的主要部分。

测试经理和测试主管需要认识到测试工作的单调性以及创造性任务的重要性，并确保每个测试人员在战略规划和日常执行之间找到平衡。测试过程中繁琐和重复的部分应该自动化，以提高效率并允许测试人员专注于更有价值的任务。在微软，工具开发被视为一项重要的创造性任务，企业也文化鼓励这样的创新。

对于测试过程中复杂的部分，如决定测试的内容和如何保证测试的完整性以及用户场景等，我们有更具创造性和战略性的任务。测试人员应该将更多时间投入到这些任务上，以提高测试的质量，而将较少时间用于执行那些可以自动化的重复性测试活动。这样不仅能够提升测试工作的效率，还能够增加测试人员的工作满意度，从而达到吸引人才和留住人才的目的。

测试仍然是一门不成熟的学科。尽管已经取得了一定的进展，但仍有许多创新和改进的空间。具有深入思考能力和专业知识的人更能提出有价值的见解。确保测试人员有时间思考和提出工作改进方法，是可以使团队整体受益的。这种见解不仅可以提高测试的整体质量，而且有利于提高测试人员的积极性，让他们更多参与创造性和战略性的任务。

本书介绍的漫游方法作为测试用例设计的高级应用，体现了创造性思维。在微软，识别、记录、分享和完善基于漫游测试方法的行为得到普及，成为一种富有成效的、充满创造性和趣味性的方式，大大提升了测试的有效性。

7.6 无记忆性

在微软，我经常采用结对测试的方法，这是一种两个测试人员协作测试应用程序的实践。我清楚地记得，有一次，我和一位享有良好声誉的测试员进行结对测试。这位测试员在同行中因其高效的缺陷发现能力而受到大家的尊敬，这也使他的经理感到自豪。[①] 以下是我们准备结对测试时的对话摘要。

我："好，我们刚刚安装了新的版本。它有一些新的代码和一些错误修复，所以有很多工作要做。你能给我讲讲你在以前的版本中做过哪些测试以便我们决定从哪里开始吗？"

他："好的，我运行了一堆测试案例，记录了一堆缺陷。"

我："好的，但你测试了哪些部分？我想从你没有大量涉及的一些地方开始测试。"

当我问他关于之前测试的覆盖范围和结果时，我得到了一个茫然的眼神。他似乎并不记得具体测试了哪些功能或者哪些区域还没有被覆盖。不幸的是，像他这样对个人测试工作缺乏系统性记录和跟踪的人并不少见。我认为，这是现代测试实践中一个普遍的问题。

测试往往被视为一项面向当前的任务，许多测试人员专注于当下而很少考虑其长远的影响。我们计划、设计、执行测试，分析结果，但在测试周期结束后，往往缺乏对这些工作的系统性记录和反思。我们没有花大量时间思考如何在未来版本或甚至其他测试项目中复用它们。

---

① 参见附录 C 中关于"测试人员度量"的博客文章，了解我对计算缺陷数作为测试人员价值度量的看法。

测试团队在未来工作规划和记录方面往往存在不足。在没有适当文档记录的情况下，测试了哪些特性、哪些方法有效、哪些无效、哪些测试策略成功了、哪些失败了，等等，这些都没有相应的记录。当测试结束后，团队真正学到了什么呢？

整个行业似乎普遍忽视对测试智慧的积累和传承。随着时间的推移，同样的功能、特性、API 或协议被反复测试，但关于这些测试的集体智慧和经验却很少得到认真对待和记录。我们需要更加重视测试的持续性和知识共享，提升整个行业的测试质量和效率。

优秀的测试案例和测试流程的知识往往只留在执行测试的测试人员记忆中。然而，由于测试人员经常需要在不同项目、团队甚至公司之间切换，使得仅依赖个人记忆来构建和维护一个有用的知识库变得相当困难。

此外，测试用例本身也不足以作为长期记忆的载体。随着应用程序的变化，测试用例的维护往往成本高昂，同时，杀虫剂悖论也减少了历史测试用例的有效性。

漫游测试在一定程度上能更有效地覆盖多种测试场景，因为一条漫游路径可以模拟多个实际测试场景。通过将漫游路径与应用的特性和缺陷进行更精细的映射，我们可以为产品建立一个详细的记录，这不仅有助于记录测试过程，还能为后续的测试工作提供参考。

小结

业界在手工测试的做法上往往呈现出两个极端。一个是事先编写详尽的脚本、场景和计划而导致准备过度；另一个是缺乏充分规划的临时和随机方式进行而导致准备不足。由于软件、规格、需求和其他相关文件经常发生变化，我们不能过度依赖于详尽的事先计划，同时也不能完全依赖于缺乏规划的随机测试。基于漫游测试的探索式测试提供了一种平衡的方法，同时结合了事先规划和现场适应性的优点。这种方法将测试任务从简单的测试用例执行提升到更广泛的测试策略和技术架构的构建。

通过采用战略性思维和标准化技术，测试人员可以更有目的地规划和执行测试任务，有效解决无目的性的问题。漫游测试鼓励测试人员采用多样化方法设计测试用例来有效缓解测试工作的单调性和重复性。此外，漫游测试提供了一个讨论和分享测试技术的平台来促进知识的交流和测试文化的建设并帮助解决测试工作中的瞬时性和无记忆性问题。通过跟踪漫游路径并统计其覆盖率及发现缺陷的能力，我们可以创建易于理解且可操作的测试报告，使测试人员能够从中学习经验和识别改进领域并将其用于指导未来的测试工作。

思考与练习

1. 想一想你每天使用的软件。以漫游路径的方式来说明自己是如何使用它的。

2. 如果测试人员能够从用户那里获得数据并在测试中使用这些数据，很可能会发现用户关心的更多缺陷。但用户往往不愿意分享他们的数据文件和数据库。你能列出原因吗？至少三种。

3. 测试人员如何跟踪应用程序的哪些部分已经通过测试？你能说出测试人员可以用来作为完整性度量的手段吗？至少四种。

第 8 章　软件测试的未来

创造未来，是预测未来最好的方式。

——艾伦·凯

8.1 欢迎来到未来

相比 20 世纪 50 年代，软件测试已经发生了巨大的变化。

计算机编程早期，写代码的人通常也负责测试代码。当时的程序规模较小，功能单一，通常是具有严格定义的算法或物理学问题，只能运行在一台严格受控的计算机上，用户通常是相关专业人员。与此相比，现代软件需要适应各种操作复杂性、软硬件环境和使用模式，几乎可以运行在任何计算机上，并且可以供任何用户使用，因此现代软件的测试要复杂得多，真的需要专业的测试工程师来进行深入和全面的测试。

在计算机技术诞生后的某个关键时期，软件测试迎来了一次重要的变革。随着软件应用的需求量开始超出训练有素的程序员的产出，程序员成为稀缺资源。为了节约资深程序员的时间，代码测试工作就移交到全新的 IT 职业角色——测试工程师的手上。这一变革标志着开发角色和测试角色的分离，也为软件测试领域带来了专业化的发展。

这不是说现有的开发者团队划分为开发和测试，因为这样并没有增加开发者的数量。相反，软件测试人员变得更像是文秘这样的角色，因为他们无需动手编程，不必成为技术专家。

显然也有例外，就像 IBM 和微软在测试岗位上聘请具备编程天赋的员工，特别是发布底层应用程序的部门，如编译器、操作系统和设备驱动程序。但除此之外的 ISV（Independent Software Vendors，独立软件供应商），为测试岗位雇非技术人员的现象很普遍。

现代测试人员仍然以非技术领域（或者至少非计算机专业）为主，但大量培训和在职指导这个趋势正在缓慢逆转。然而，在我看来，软件测试行业的缓慢进步还不足以跟上计算机及软件开发技术的快速发展。应用程序变得越来越复杂，平台的功能越来越强大，其复杂度迅速增长。未来的应用将会构建在这些新的平台上，正如第 1 章中讨论的那样，我们需要掌握一项目前尚未达到的高超的测试能力。作为测试，我们如何面对未来的挑战，完成对应用的测试以帮助它们达到预期的稳定性和可靠性？在一个所有事情都基于软件并运行在计算机上的世界，我们是否还有信心认为自己的测试已经做得足够完善？

我个人对此并不乐观。事实上，在很多情况下，以现有的测试工具及知识积累，我们可能无法充分测试未来的应用。即使参考目前软件系统的失败率，也很难证明是否已经做了充分的测试。要对未来的软件质量保持乐观，我们需要开发新的测试工具和探索创新的技术方法。

这就是本章的内容，即描绘软件测试如何面对未来高可靠性应用程序的挑战，以及软件测试未来走向何方的想法和愿景。

8.2 测试人员的 HUD 抬头信息提示

测试人员坐在办公室里，周围摆放着打印的图表、草稿纸和技术文档，电脑桌面上有很多包含了需求、文档和缺陷数据的文件夹。他一边查看电子邮件和即时消息客户端，等待开发人员发送缺陷修复通知，一边关注测试中的应用程序是否出现故障，同时观察测试工具的反馈。他的大脑中充满了测试用例、缺陷数据和设计规格等信息，但即便如此，完成测试任务还需要需更多信息。

将测试的困境与电脑（主机）游戏玩家进行对比，情况完全相反。玩家不需要工作空间，空的可乐瓶和薯片包装散落在桌上，他们在游戏中需要的每条信息都由游戏本身提供。不必像坐着思考应用程序背后在做什么的测试人员，玩家可以看到自己面前的整个世界，基于头显（HUD）提示技术的应用，信息自动渗透到玩家的意识中。

参考网游《魔兽世界》的交互界面。屏幕的右上角提供了迷你世界地图，而英雄的准确位置标记在其中。整个屏幕底部，英雄所拥有的道具、技能、装备、专业技能和职业技能都安排妥当。在左上角，当英雄在世界地图移动时，附近的物体、对手、任务等信息源源不断地进入玩家的视野。这种信息提示以不干扰游戏体验的方式呈现在屏幕上，有效地辅助玩家进行游戏。

这与软件测试非常类似，在我对未来的美好想象中，来自应用程序、文档和文件的信息都有序地通过可配置方式完美显示在应用的表面，好比测试人员的头显提示器（THUD）。

设想一种先进的提示技术，当测试人员将光标悬停在界面控件上时，能够即时显示该控件的源代码。如果不需要查看全部代码，测试人员就可以选择查看代码的改动细节（如缺陷修复或业务变更引起的修改）以及缺陷修复的历史记录。此外，他们还可以查看控件的历史测试用例和测试结果。简单动动手指，大量信息便如愿以非入侵方式呈现在眼前，浮在被测试应用程序的界面上。

信息如此重要，因而 THUD 允许信息重叠显示。想象在游戏世界里，不断获取目标的信息才能更好地击中对手。测试人员可以在应用程序运行时看到 UI 上应用程序体系架构的依赖关系，快速发现热点并理解交互输入与应用结构依赖和环境依赖之间的关系。测试人员可以体验到 Web 应用程序与远程数据库之间的交互。就像 Xbox 游戏《光晕：士官长合集》通关一样。可以看到输入的条件在两个存储过程中传递，或者看到通过 API 访问主机文件系统，这种头显提示的体验就像今天的游戏体验一样。

利用头显提示技术，测试人员可以获取比现有技术更丰富、更直观的信息提示，像极了玩“软件测试”游戏。他们可以清楚地知道哪些缺陷将被修复，以及受影响的组件、控件和 API 接口。当测试时，系统会提醒先前使用过的输入及对应的历史测试结果、哪些输入可能会发现问题、哪些输入已经是一些自动化套件甚至是先前单元测试的一部分。头显提示不仅是手动测试人员的得力助手，也作为一个全面的知识库，提供待测应用的结构、假设、架构、缺陷和整个测试历史的详细信息。

视频游戏玩家通常不会关闭 HUD，因为它对游戏体验至关重要。如果没有 HUD 提供的信息提示，玩家在探索复杂而危险的游戏世界时将面临更大的挑战。同样，THUD 对测试人员也如此，它提供必要的信息，帮助他们更有效地进行测试。

在未来，软件测试人员的体验将与今天大相径庭。随着技术的进步，人工测试将变得更加高效和直观，与玩游戏的体验更加相似。

8.3 测试百科

THUD 技术通过提供标准化的测试流程和工具，增强了测试的可重复性、可重用性和可通用性。测试人员可以录制手动测试案例的执行过程，并在适当的情况下将其转换为自动化测试案例。这将增强不同团队、组织和公司分享测试经验和资产的能力。

显然，下一步是提供对这些测试资源的访问权限，并允许共享这些测试资产。我将这个资源称为“测试百科”，它借鉴维基百科的理念，旨在创建一个开放的、由社区驱动的测试知识库。

维基百科是互联网上最新颖、最有用的网站之一，而且往往是互联网搜索的置顶结果。它基于这样一个想法：每一个概念或实体的所有信息都存在于某些人的头脑中。如果我们让他们所有人建立一个百科全书，向其他人公开这些知识，会怎样？现实就是 www.wikipedia.org，Testipedia 旨在为软件测试领域做同样的事情。

几乎每个可测试的功能在不同地方和不同时间都被其他测试人员测试过。即使是新颖的特性，通常也能找到非常类似的已测试案例，使得针对其他产品的测试方法可以适应并应用于你的产品。我们需要一个平台，如“测试百科”来收集并展示测试案例，供所有软件测试人员使用。

要使其成为现实，必须满足两个主要条件。首先，测试需要具备高度的可重复性和可移植性，确保在不同测试人员的机器上能够无需或仅需少量修改即可执行。其次，测试用例应该设计得足够通用，能够适用于多种应用程序或场景。接下来依次讨论这些条件，探索具体实现步骤。

8.3.1 测试用例的重用

一名测试人员编写了一组核心业务测试用例并将其自动化，以便能够频繁运行。然而，当你尝试在自己的机器上运行这些测试用例时，可能发现它们无法正常工作，因为通常缺少特定的扩展自动化 API 和脚本库，这些库在你的计算机上尚未安装。移植测试用例的问题根源往往在于对环境有特殊依赖。

为了解决这一问题，可采用一个称为“测试环境附载”的概念。测试用例通过虚拟化[①]技术编写，该技术允许将测试执行所需要的整个环境封装在测试用例内部。这样，测试用例就会嵌入所有必要的环境依赖，确保它们可以在任何机器上运行，不受特定环境的限制。这种方法将大大提高测试用例的可移植性和可重用性，允许测试人员在不同的计算机和环境中轻松地共享和执行测试。

实现测试用例重用的目标不只是技术上的突破，还有更关键激励机制和经济因素。测试用例重用面临的主要障碍并非技术限制，而是经济上缺乏激励。我们需要建立一种激励机制，鼓励测试人员编写可重用的测试用例。

如果创建一个存储测试用例的平台如测试百科，并为做出贡献的测试人员或其组织支付报酬，又如何呢？确定测试用例的价值和定价需要考虑多种因素，包括其复杂性、适用性和可维护性。测试用例的价值越高，其定价也越高，这反过来又为测试人员提供了更大的激励，促使他们贡献更多高质量的测试用例。

---

① 虚拟化在我的未来测试愿景中发挥着重要作用，本章后面将进一步展开讨论。

可重复使用的测试用例有巨大的内在价值，可能催生一个测试用例交易市场。在这种情况下，整个测试用例库可以作为服务提供或作为产品授权。然而，这仅是解决方案的一部分。我们不仅需要可移植的测试用例，还需要确保这些测试用例适用于我们要测试的具体应用程序。

8.3.2 测试原子和测试分子

微软和我工作过的其他公司在单一公司结构下运作，每个产品（如 SQL Server、Exchange、Live、Windows Mobile 等）都有其独立的测试团队。问题在于，这些测试用例往往很难从一个应用程序转移到另一个，因为它们通常针对特定产品定制，缺乏通用性。例如，SQL Server 的测试人员发现，尽管与 Exchange 同为大型服务器应用，但复用其测试用例仍然有挑战。

我们编写的测试用例通常专门针对单一应用程序，这主要是因为它们被设计来满足特定产品的需求，而没有考虑到跨产品的通用性。然而，在一个认可测试用例跨项目价值的未来世界中，我们可以建立经济激励机制，鼓励测试用例的重用和共享。

与其为一个应用程序编写测试用例，不如移到下一个层次，为特性编写测试用例。几乎所有的 Web 应用都有购物车特性，所以为这种特性编写的测试用例应该适用于几乎所有类似应用。许多常见的特性也是如此，如连接到网络、对数据库进行 SQL 查询以及用户名和密码验证等。相比具体应用测试用例，特性级别测试用例的可重用性和可移植性要高得多。

测试用例的影响范围越小，其通用性越高。特性比应用更为聚焦，函数和对象比特性更聚焦，逻辑和数据类型比函数更聚焦，等等。在足够低的层次上，我们可以获取一个我喜欢称之为“原子”的测试用例。一个测试原子是一个处于最低抽象水平的测试用例。也许你会写一组测试用例，将字母和数字输入到一个文本框控件中。它只做一件事，并不试图做更多的事情。然后你可以复制这个测试原子，并针对不同的目的进行修改。例如，如果字母和数字字符串是用来作为用户名的，那么将创建一个新的测试原子，针对合法用户名结构的编码规则。随着时间的推移，有望收集到成千上万（希望是更多）这样的测试原子进入 Testipedia 条目。

测试原子可以进行策略性组合，形成能够执行更复杂功能的测试分子。例如，两个测试原子（各自负责验证字母和数字字符串），可以组合成一个测试分子，用于测试用户名和密码对话框。

许多独立的测试用例作者会创建这样的测试分子，随着时间的推移，那些最有效、最可靠且最广泛适用的分子将在测试百科上获得认可，而其他可行的替代方案也会得以保留。在经济激励的驱动下，测试用例作者将创建大量测试分子，这些分子可以供应用程序供应商以借用、租赁或购买的方式进行复用。

针对这个概念，一个极有价值的延伸是开发一种机制，用以自动评估测试原子和分子对特定应用程序的适用性。设想一个系统，它能够自动识别并推荐适用的测试用例，这些用例随后可以在不同环境和配置中自动执行，以验证其有效性。如果能够实现这样的系统，将大大减少编写新的、定制化测试的需求，并提高测试用例的复用率。

8.4 测试资产的虚拟化

当谈到未来软件测试中使用虚拟机技术时，自带环境的测试用例只是其应用的冰山一角。正如第 3 章中所讨论的，测试人员面临的主要复杂问题之一为是否有实际的客户环境来运行其测试案例。如果我们把应用程序部署到客户环境中运行，我们如何预测这些机器是什么样的配置？还有什么其他的应用程序会在上面运行？如何让我们的测试环境以类似的方式配置以确保测试尽可能的真实？

在微软， 他们有一个很出色的工具叫 Watson，可以捕获用户机器的实时信息以及应用程序在实际情况下是如何失败的。它会编译在用户正在运行的应用程序中。它可以检测到灾难性的故障，并允许用户选择是否将有关故障的信息打包，并将其发送给微软，以便对其进行诊断和修复。修复是通过 Windows 更新服务或其他供应商提供的类似更新服务进行的。

虚拟化技术在未来可以显著改善软件测试过程，并允许将客户环境的虚拟化版本贡献给测试百科，用于创建可复用的测试场景。通过虚拟化技术，我们不仅能发送错误报告，还能将去除个人敏感信息的客户环境虚拟化版本发送给供应商，使开发人员能够从实际故障点开始调试问题。

建立一个包含数千个真实客户环境的虚拟机库，这些虚拟机可以集成到虚拟测试实验室中，为测试人员提供模拟各种客户环境的能力。测试百科可以成为一个平台，允许用户买卖或租赁这些虚拟测试实验室，从而促进资源共享和经济效益。这种模式将使得传统的测试实验室设计和建造工作变得过时，开启软件测试的新时代。

8.5 可视化

随着可重用测试实验室和测试用例的普及，未来的软件测试工作将更多涉及创造性和策略性的设计，而不仅仅是执行既定的测试用例。测试人员将能够利用预先构建的测试工件和高效的实验室管理工具，以更系统化和自动化的方式组织与执行测试。

然而，如果没有适当的监督和洞察力，测试的效果可能降低。为了帮助测试人员更有效地监控测试进度并确保测试覆盖关键需求，我们需要开发更先进的软件可视化技术。

软件可视化是一个挑战，因为它需要将软件的抽象概念和状态转为直观、易于理解的视觉表示。与客观存在的物体（如汽车）不同，软件的缺陷和问题并不那么容易直观地识别和分析。汽车缺少保险杠这样的缺陷显而易见，然而，软件中缺失和损坏的模块则不易与正常工作的模块区分开来。

通过提供直观的反馈和深入的洞察，可视化工具将在未来帮助测试人员更有效地识别问题和改进测试策略，填补我们在测试能力中的关键空白。

测试执行的结果，无论是通过还是失败，通常依赖于执行过程中收集的信息以及质量知识库的参考。软件资源的可视化为测试人员提供了对软件内部工作方式的直观理解，这对测试工作至关重要。

软件资源（如输入、内部存储数据、依赖关系和源代码）可以通过可视化技术呈现给测试人员。源代码不仅可以在代码编辑器中以文本形式显示，还可以转换为图形化的流程图，帮助测试人员更好地理解程序结构。如图 8.1 所示，微软的 Xbox 和 PC 游戏测试团队使用测试工具生成的屏幕截图，可以辅助测试人员理解代码执行路径，从而更有效地识别和修复潜在的缺陷。

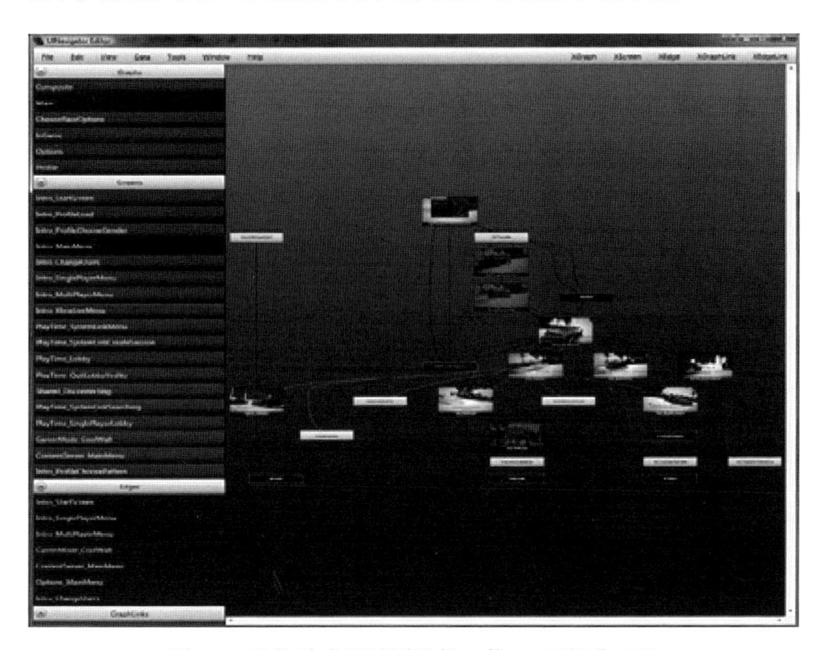

图 8.1　微软游戏测试团队的一款 UI 可视化工具

可视化在软件测试中的作用并不限于代码展示，更重要的是展示流程，如游戏中场景的顺序和相互关系。[①] 通过一系列 UI 元素的序列，测试人员可以预测可能的分支，并了解不同的输入（如《哥谭赛车计划 II》中驾驶汽车）如何影响他们通过游戏的不同分支。这种视觉效果有助于提升测试覆盖率，并帮助测试人员选择适当的输入以探索游戏的关键场景。

可视化还可以基于应用程序的属性，如代码变更、测试覆盖率和系统复杂性，为测试决策提供重要的参考信息。例如，通过

① 这张特殊的图片取自《哥谭赛车计划 II》的测试，经微软的游戏测试团队许可使用。

可视化展示组件的复杂性和历史缺陷数据，测试人员可以决定优先测试哪些组件。

在 Windows Vista 的测试期间，开发了一个可视化工具，使软件测试人员能够直观地查看被调用模块的属性。图 8.2 中的屏幕截图就是其中的一个例子。

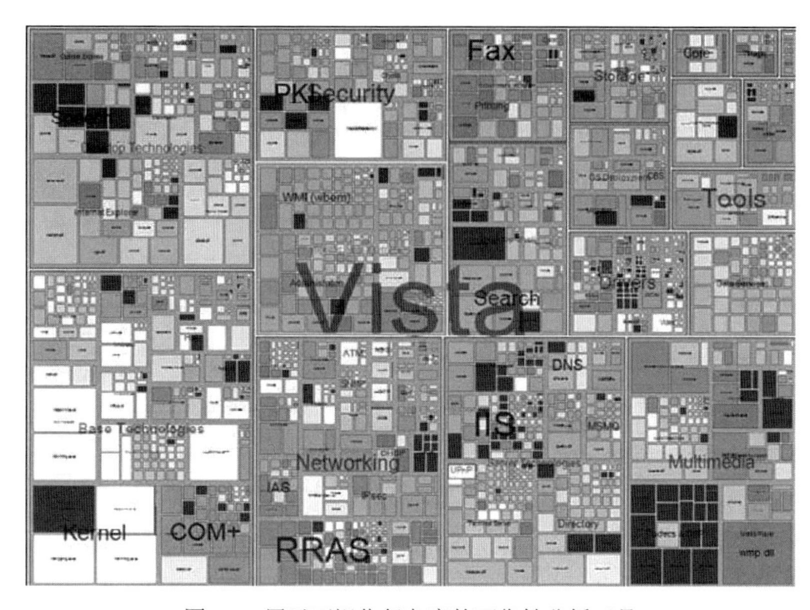

图 8.2　用于可视化复杂度的可靠性分析工具

图 8.2 是 Vista 的组件及其相关复杂性的可视化。[①] 请注意，每个带标签的方块都是根据该组件所属的特征集而分组的组件。

每个方块的大小代表 Windows 团队定义的众多复杂度指标中的一个，颜色代表另外一个复杂度指标。因此，尺寸更大和颜色更深的方块代表该特性更为复杂。如果我们的目标是将测试集中在复杂性上，那么这个视觉效果就可以给我们一个极好的起点。

① 这个工具由微软剑桥研究院的墨菲（Brendan Murphy）开发，经许可使用。

有效的可视化要求软件运行环境能够提供必要的支持和数据。被测系统与其外部资源（如文件、依赖库和 API）之间的交互不能是不可见的且只有使用像调试器这样的复杂工具才能揭示的。我们需要“X 光机和核磁共振的设备”以三维方式呈现软件的内部运行情况。想象一下医用染料注射过程。在这个过程中，一个输入被注入工作系统中，它在系统中的行动路径能被直观地追踪。当染色的输入通过应用程序的组件时，它对外部资源的影响可以被监测并为错误提供隔离环境识别、识别性能瓶颈和比较各种实施方案。这种透明、审查、架构和分析的能力，使我们能够在软件方面达到目前医学科学中的先进水平。软件足够复杂又足够重要，值得我们做这样的投资。

在未来，我们要能够根据时机挑选我们需要的模式。随着可视化经验的增加，将出现最佳实践，为可视化使用优化提供指导。

8.6 未来的测试

那么，软件测试人员的未来是什么？ THUD、资源平台和测试百科，再结合虚拟化和可视化技术，如何共同改变软件测试人员的工作方式以提高他们的效率和效果呢？

设想一个软件开发组织，无论是初创企业开发基于 GPS 功能的移动应用程序，还是大型金融机构的 IT 部门构建新的业务线应用程序，或微软这样的公司在开发云端应用程序，它们都可能需要与能够设计测试的人员（测试设计师）合作。在开发自己的应用程序后，这些组织可能会与他们签订合同，以确保软件质量。

初创公司或 IT 部门可能聘请外部顾问来提供专业的测试设计服务，而像微软这样的大型公司可能选择使用其内部的全职员工来确保更紧密的合作和知识共享。

在任何情况下，测试设计师都要负责详细分析应用程序的测试需求、定义必要的接口并记录测试过程中所需要的资产。测试设计师要确定完成这些测试需求所需的测试资产。她可以根据自己的需要从商业供应商或开源平台租赁或购买测试资产。①

其结果将是数量多得惊人的虚拟化操作环境，很难想象有数万个或更多以及数百万个适用的测试用例及其变体。然后，这些环境部署在一个基于云的虚拟测试实验室，测试用例可以并行执行。在几个小时内，测试量就有望超过一个人几个世纪的努力。应用程序的源代码、依赖的库和资源、用户界面等覆盖率指标将远远超过我们当前技术的质量水平，并可能包含每一个可以想象得到的用例。所有这些都将通过可视化、度量和管理工具进行管理，这些工具将自动提供错误报告和构建管理，几乎不需要人工监控。

这个未来的实现需要经过几年或几十年开发和收集可重用的测试资产。对软件测试人员来说，这最终意味着他们将不再劳神费力地编写测试用例和执行低级任务。他们将提升若干个层次直达抽象层，直接设计测试计划和挑选相关的测试用例与自动测试框架。

初创公司可以利用虚拟手机设备模拟客户可能使用的各种真实设备环境。应用程序开发人员能够模拟各种复杂的用户环境配置，包括安装可能相互冲突的应用程序，以测试软件的稳定性和兼容性。微软能够为其基于云的应用程序创建测试环境，满足或超越真实生产环境的复杂性和多样性。

---

① 可重用的测试资产，包括虚拟化的操作环境和测试用例 / 测试计划，可能都良好的商业价值。我可以设想，在这种情况下，多个供应商提供商业化的测试资产，与提供类似于集市的开源平台共存。哪种模式占上风并不是我预测的一部分，我只是预测它们的普遍可用性，而不是预测其盈利模式。

数以亿计的测试原子和测试分子将随着时间的推移单独提交或收集后进行分组。这些测试将在应用程序中寻找每一个适用的地方，然后自动执行，将自己的结果导入更大的测试监控系统，以便测试设计师可以手动调整自动化的工作方式，并度量其进展。过去需要几百年才可能完成的测试现在几个小时就可以完成，缺陷得到修复后，测试在应用程序重新部署后自动重新运行。

到应用程序发布时，每个可以想象得到的测试用例都已经在每个可以想象得到的操作环境中运行。每个输入字段将由合法和非法的输入进行数百万次测试。每个功能都将得到彻底测试，每个潜在的功能冲突或应用程序的兼容性问题都将得到检查和复查。应用程序可能产生的所有输出将全部生成，它的状态空间将被充分覆盖。安全、性能、隐私等测试套件将在每个构建期间运行。测试覆盖率的差距将被自动识别，并自动补入新的测试用例。

所有这些都发生在应用程序发布之前。发布后，测试仍将继续进行。

8.7 发布后的测试

即使有了以前得花几百年才能测试完的用例，我们也不可能达到真正的完全覆盖。既然我们无法在产品发布前完成所有测试，为什么要停止呢？测试代码应该与二进制文件一起发布，而且应该在发布后继续完成它的工作，不需要测试人员在场提供持续的测试和诊断。

这个未来已经实现了一部分。前面提到的 Watson，著名的 Windows 应用程序的“发送 / 不发送”错误报告），可以在过程中捕捉到现场发生的故障。下一个合理步骤是有针对性地对故障采取措施。

华生（Watson）捕获到一个故障并构建了相关调试信息的快照。然后另一端就可以通过这些数据找到解决这个问题的方法并通过 Windows Update 发布补丁解决问题。在 2004 年，这样做是非常危险的，实际上现在也不例外。然而在未来这将成为历史。

如果那个可以运行额外的测试并利用软件发布前就有的测试基础设施呢？如果可以部署一个修复程序并在发生故障的实际环境中运行一个回归套件呢？如果可以部署一个生产修复程序并要求应用程序自己回归呢？

为了实现这一目标，应用程序有必要记住其先前的测试内容并将这一过程带到它该去的地方。这意味着自测试能力将成为未来软件的一个基本特征。我们的工作是找出我们如何测试的魔法并将其嵌入应用程序。未来最酷的软件功能可能是由软件测试人员置入的。

小结

软件测试人员的世界充满了大量来自应用程序及其运行环境和开发历史的信息。这些信息为测试人员提供了深入理解软件行为的基础，并在很大程度上决定着应用程序的测试效果以及软件生态系统的质量。软件测试人员的成功取决于我们如何掌握并有效利用这些信息来指导测试策略和决策。如果我们不能有效利用这些信息，软件质量可能会降至历史最低水平。

很多行业已经成功地利用大量行业信息来指导行业的发展，我们应该从这些行业中寻找灵感。我认为，代表软件测试最佳模式的是视频游戏行业，游戏中的信息量和复杂性与软件测试人员必须处理的调试信息一样令人难以承受。然而，游戏玩家可以通过他们收集的技巧、提示、作弊器和万能的 HUD 来简单有效地处理这些信息。这实际上可以归结为游戏者动动手指就能获取的信息，以及所有人都可以使用的一套共享策略及向导，这样一来，新手玩家可以通过资深玩家的经验迅速成长为“老鸟”。

事实上，游戏世界已经非常成功，在流程、工具和技术方面已经建立了令人难以置信的好产品，创造了游戏中的复杂经济体系，并以一些非常有趣的方式改变了整个社会。我确信，既然游戏行业能够如此有效地管理和利用信息，软件测试人员应该也能做到。

游戏玩家的过程、技术和指导原则是软件测试人员可以模仿的。测试人员应能够像游戏玩家一样，在输入、输出、数据和计算的复杂世界中航行，利用无缝、方便地提取自被测应用程序的环境和修改历史等信息。

测试将在生产力、精确性和完整性方面得到很大的提升。如果做测试能像玩视频游戏，可能会有趣得多。

思考与练习

1. 说出你想在 THUD 上看到的五个组成要素。

2. 说出你想在探索式测试人员的 THUD 上看到的五个组成要素。

3. 如果要为测试百科写一份商业计划书，你会如何论证其实用性？

- 评估如何将测试百科作为一个免费社区资产使用。
- 评估如何利用测试百科来盈利。

4. 在第 3 章中，小型测试被分成输入、状态、代码路径、用户数据和环境问题。除了环境，这些问题中哪一个是可能使用虚拟化的最佳候选？解释一下如何使用虚拟化来支持对这个问题进行更好的测试。

5. 图 8.2 通常被称为“热图”，显示被测应用程序的两个方面：规模和复杂性。请说出另外两个有助于以这种方式进行可视化的软件特性。解释一下这些特性如何用来指导测试人员。

6. 用于发布后测试的基础设施是否会被黑客滥用？给出一个可能是问题的案例。你能说出用户对发布后测试基础设施可能的其他担忧吗？如何克服这些问题？

7. 在班级（如果是学生）/ 团队 / 小组中讨论人类测试人员是否有一天消失过时。未来测试的哪些部分仍然需要人工参与？如果软件公司不再需要大量的内部测试人员，需要先具备哪些条件？

附 录

本附录一共分为三部分。首先，我将从测试人员的角度来谈谈如何新手的职业成长路线。其次，我将和大家分享我多年来在高校和企业从事教学与实际测试工作中的经验和心得体会。最后，我将和大家分享我在微软做测试的经历以及我对谷歌的一些看法，也包括最后广大读者欢迎的两篇长文：“预防与治疗”以及“测试的未来”。

（一）测试人生须经营

想什么呢？！工作中没有任何烦恼，那还叫工作吗？！

——马尔科姆·福布斯

1. 入行

1989 年，我还在田纳西大学上研究生的时候，以开发人员身份参加了一个项目，但后来我从开发转到软件测试（其实并不是我自己的选择）。有天早上，教授[①]问我为什么错过了那么多开发的会议，我解释说，这些会议都是周六上午召开的，美好的周末可不能这样被占用。作为刚进校的研究生，生平第一次离家，这个特殊时期内的周六对我尤为重要。[②]有趣的是，等待我的不

① 在田纳西大学的杰西·普尔（Jesse Poore）教授的指导下，在哈兰·D. 米尔斯（Harlan D. Mills）的监督下，我参与了一个资金充足的开发项目，该项目采用的是净室软件工程，哈兰·D. 米尔斯当时就职于佛罗里达理工大学，是净室软件工程的发明者。

② 这个时间段很复杂，因为我遇到一个女孩后，坠入了爱河。她认为星期六不可以工作。我最终和那个女孩结婚并有了孩子，因而可以说我之所以选择测试，是为了改善自己的感情生活。

是解雇通知书，而是接受“惩罚”，成为小组唯一的测试人员，并且基于净室的模式。[①]

这个“惩罚”对我的职业生涯简直就是量身定做的。此后，我完成了几十篇关于测试的论文，构建的工具多到我都记不清，当然还有无数快乐的工作时间。对我来说，测试是一个具有创造性、技术挑战性的职业，然而并不是每个人都这样认为。我进入测试领域是在研究生时期，那时我在学校进行的沉浸式学习，让我具备了一些优势。但此外，我认为从测试新手到专家，有一个测试山丘。初学者入门测试很容易，成为高效的测试人员也不难，但要越过测试山丘，需要信息获取以及一系列培训指导和学习。

下面的重点是讨论新手如何越过测试山丘最终成为测试专家。

2. 回到未来[②]

时间在软件测试这门学科仿佛定格了一样。我们在 21 世纪做的事情和 20 世纪做的事情几乎是一样的。比如，赫泽尔（Bill Hetzel）1972 年出版的程序测试知识集方法[③]在今天仍然很有意义，我自己 2002 年出版的《如何攻破软件》系列丛书至今仍然是软件测试技术的主要参考资料。

事实上，如果测试人员可以从 20 世纪 70 年代穿越到现在，我们会发现他们的技能足以胜任现代软件测试。虽然他们还是先得学习网络和各种协议，但他们拥有的实际测试技术可以很好地

---

① 净室方法要求开发人员和测试人员各自独立工作。

② 译注：这是一个梗，标题源自 1985 年上映的经典科幻喜剧《回到未来》（*Back to the Future*）。

③ W. Hetzel，《程序测试方法》，Englewood Cliffs, NJ: Prentice-Hall, 1972。

帮助他们完成现代软件测试。如果是从 20 世纪 90 年代穿越来的测试人员，几乎不需要任何培训。

开发人员就不一样了，他们在 20 世纪的技能放在 21 世纪几乎完全过时了。不信问问已经有一段时间没有写代码的人，让他们重新开始编程，看看你会得到什么样的反馈。

对于测试，我们可以从街上雇一些人，他们第一天就可以上手做测试并取得成效。这让我感到非常不安。测试真的有那么容易？还是我们的期望值太低？更让我困扰的是很多测试方面的人才工作已经做得很好，但就是没办法达到专家的程度。测试真的有那么难吗？

回到测试山丘的理论：门槛很低，但通往专家的道路却很艰难。

在成为测试专家的过程中，我们需要依靠多方面的技能。初级阶段的测试是大多数人很容易掌握的，甚至只用一点常识进行不同输入的尝试，就可以找到 bug。这种水平的测试如同桶里抓鱼，测试人员很容易有成就感并且觉得自己很聪明。但这个阶段之后，道路变得陡峭，测试知识变得更加神秘。有些人很擅长这个，我们就认为他们有天赋并为他们的直觉点赞。难道只能靠天赋吗？没有“天赋”的人是否也有能力越过山丘？是否可以通过传授测试技能的方式来培养更多的专家？我认为，跨越测试山丘是可以的。我要在下文和大家分享一下我是如何在个人职业生涯中跨越测试山丘的。这不是一份提升能力的清单，因为测试职业并不像打勾那样简单。可以做一些事情来加速个人职业成长。但正如你可能已经猜到的那样，这些事情说起来容易做起来却难。

（1）上山

测试生涯早期，是长期攀登测试山丘的积累阶段。为此，我可以给出一个最好的建议：敏于观察，勤于思考。对于自己做的每一个项目，都要设定两部分（不一定相等）任务。第一部分是保障当前测试项目成功完成；第二部分是为下一个项目做准备，学习可以使下个测试项目更快完成的方法或技能。我把这种方法称为“完成今天的测试项目，同时为明天的项目做足准备”。如果每个项目都像这样分成两部分，那么你做的每个项目几乎都可以让你得到持续进步，使你成为一名更优秀的测试人员。

接下来让我们更专注于第二部分任务：为下个项目做准备。这里需要注意三点：重复性、技术和缺陷。

首先是关注重复性。

做事情的时候，一定要敏于观察，勤于思考！我希望所有的测试人员都能牢记并践行这句话。我看到很多新手把时间浪费在一些重复而普通的工作上，但自己却没有任何意识，比如准备测试机器、搭建测试环境等，这样的例子不胜枚举， 直到发现自己真正用于测试软件的时间很少。

这是许多新手测试人员经常犯的错误。他们忽略了工作的重复性，在意识到这个问题之前，他们已经有好几个小时没有做任何实际测试任务了。作为测试人员，要关注重复性工作并注意它是否浪费了自己真正测试软件的时间。为了成功越过测试的山丘，我们要避免这种重复性工作带来的浪费。

测试自动化适用于重复性问题，也是接下来要讨论的主题。

其次是技术。

测试人员经常会进行缺陷分析。在分析缺陷时，我们是在分析开发人员为什么没有写出可靠的代码，也分析被我们遗漏的缺陷。客户在我们的应用程序中发现错误的时候，我们要处理和重现这些重要的缺陷。每个应用程序报告的缺陷都暴露了我们测试流程的问题和测试知识的不足。

分析成功经验也很重要。许多新手测试人员意识不到这个点。测试过程中发现的每个缺陷都表明测试过程是有效的、成功的，我们需要充分保留好的经验，不断加以巩固，让成功得到持续。

其实，运动员团队也是这样的。他们观看比赛的录像，分析比赛成功或失败的原因。我清楚地记得，有次一位朋友拍下了我儿子踢足球的照片。照片记下了他的射门绕过对方守门员而最终进球的瞬间。我把它拿给我儿子看时，指出他立足时那只脚的姿势非常完美，而另一只脚的脚尖紧绷，球准确击中了鞋带处的位置。他盯着那张照片看了很长时间，从那以后他就很少用错误的姿势踢球了。虽然那次他的进球可能是巧合，但之后他都很留意，力求完美。

现在回到对新手测试人员的指导。所有人都有高光的时刻。我们会发现那个重大的漏洞和高优先级的错误并为之雀跃。但此后请放大格局，站得更高、眼光看得更远。我们是用什么技术找到这个错误的？能不能写个指南来找到更多类似的缺陷？能否牢记这些测试指南并不断实践以提高我们的测试效率？软件表现出了什么问题使我们发现了这个错误？我们能在未来更留心这些症状吗？换句话说，这不仅是一个缺陷或一次成功的发现，而是成功发现缺陷的过程让我们有了经验教训（可以帮助我们将来成为更好的测试人员）。

就像我儿子那次进球一样，即使那个缺陷是偶然发现的， 但并不代表其余的缺陷发现也都是偶然的。重要的是了解我们成功发现缺陷的原因，让成功能够被复制。对于测试人员来说，这些原因是测试技术、建议和工具的合集，可以提高未来项目中测试的效率。

最后才是缺陷。

测试人员最终都会变得非常善于查找缺陷。但要跨越测试的山丘，必须更高效：高速且阻力更小。换句话说，必须有一种本身不包含任何缺陷的缺陷查找技术！

我认为，测试人员的重点不光放在寻找项目缺陷的能力上，还要注重测试流程的缺陷。测试流程中是否有缺陷阻碍着测试效率。

持续寻找更好的方法并有意识地识别那些限制个人能力、阻碍前进、减慢速度的事情。就像缺陷限制着要交付软件的功能一样，是什么限制了你的测试能力？想办法优化或解决，为自己创造一个快速上升的阶段，增加机会让自己越过测试之丘成为专家。

（2）登顶

测试之丘的巅峰风光无限。如果成功登顶，恭喜你！但这并不意味着结束，只是意味着你已经成为一名优秀的测试人员，你的洞察力和专业知识也会帮助你身边的人成为优秀的测试人员。独自登顶是一回事，帮助其他人（能力不如你的人）登顶却是另外一回事。

一般来说，达到测试巅峰的人会成为工具大师。商业工具、开源和免费工具，以及（我个人最喜欢的）自产工具，都会极高地提高测试效率。但工具只是实现这个目标的一种方式，而且在很多方面都有不足，因为太多的人看不到工具功能之外的东西。他们只关注工具能为他们做的事而忽略更重要的需求。登顶真正需要的是掌握信息。许多工具可以快速获取和处理信息，所以测试人员会对工具投入过多的精力并且变得过于依赖这些工具。实际上，信息本身以及如何利用信息才是成功的关键。

掌握信息意味着要了解哪些信息是可用的、它如何影响测试并确保这种影响最大化。有几类信息是测试人员必须注意的。这里要介绍其中两种：来自应用程序的信息和来自测试过程的信息。

来自应用程序的信息与需求、体系结构、代码结构、源代码有关，以及应用程序在运行时执行了哪些任务的信息。编写和执行测试用例的时候，这种信息考虑的广度和深度在很大程度上决定着测试人员的个人能力。测试过程中使用的此类信息越多，测试就越趋于系统化，而不是靠猜测。

在微软，游戏测试组织（GTO）负责 Xbox 和 PC 游戏的测试，在应用程序信息的使用方面获得的奖励最高。游戏测试非常丰富和复杂。游戏有许多可测试内容都是隐藏的（因为发现玩家可以与之互动的道具是游戏乐趣的一部分），如果所有 GTO 测试人员所做的都是玩游戏，那么他们的效率并不会高于他们的最终客户。为了做得更好，他们与游戏开发者合作，建立信息面板，向测试人员揭露哪些本质上是作弊。测试人员可以提前知道怪物将在哪里产生；可以知道隐藏物品在哪里；他们可以看穿墙壁，迫使对手做出某些行为。作弊（测试工具）让他们成为游戏中的“大神”，让他们可以随心所欲地控制信息，更快更精准地做测试。这个例子中蕴含的道理值得所有测试人员思考。

来自测试过程的信息意味着测试过程中需要关注测试过程中的细节并使用学到的技能来影响当前的测试。你是否了解自己的测试如何与需求绑定以及某个需求何时才算测试完成？你是否使用代码覆盖率来影响未来的测试？你知道哪些测试用例会受到代码更新和 bug 修复的影响？还是只是重复执行所有测试？了解自己的测试进行到什么程度并在测试时调整测试策略，这是测试能力成熟的标志。

我在微软 Visual Studio 的一个小组工作过，那时有大量的代码变更（添加新功能和修复 bug 而导致的代码变更），我们使用代码覆盖率来协助测试。我们费了很大的精力让测试人员了解这些代码变更和覆盖率，帮助他们理解哪些测试用例可以影响测试覆盖率，并帮助测试人员调整修改。最终结果是，当代码发生变更时，我们知道哪些测试会受到影响，重新运行这些受影响的测试即可。我们还了解每个新的测试用例是如何对整体接口、特性和代码覆盖率作出贡献。如此一来，我们的测试人员便能够在此基础上写出更有意义的测试用例。

你使用什么信息来指导自己的测试？如何确保这些信息可以在测试期间随时获得？如何使信息具有可操作性以使其对自己的测试产生积极影响？这些问题的答案将影响着你从测试之丘下山的速度。

（3）下山

一旦达到测试之丘的顶峰，就意味着你已经成为一名优秀的测试人员，并且你的能力可能已达到团队其他同事能力的总和。无论做什么，都不要试图超越整个团队，不管这让你感觉有多好，或者你的老板多么努力地推动你这么做。一旦你开始下山，就不要再去争取如“找到最多缺陷的人”或“找到最有意义缺陷的人”这样虚荣的头衔。相反，我建议你减少花在测试上的时间，而是把创新作为自己的首要任务。

测试中的创新意味着要站在更高的位置，提出见解和找到瓶颈，并改善团队中其他人的工作方式。你的工作就是帮助其他人变得更优秀。在微软，我们有一个这样的职位，我们称之为测试架构师， 但不要因为没有一个很酷的头衔而妨碍自己去做这样的事情。不管他们怎么称呼你，如果你在走下坡路，能做到的最好的事情是确保更多的人能够登顶。

（二）博客随笔精选

有能者为之；不能者为师。

——萧伯纳

1.一日为师

作为一名有多年教龄的老师，我对诺贝尔文学奖得主萧伯纳的这句话深有体会。但我想补充一点，无论实践经验多么丰富，都只有通过传授才能算是真正理解了它。实践工作中有很多不易察觉但并非不重要的细节，经常都是凭借我们的直觉和经验去完成的，缺少深入的思考会导致我们必然会忽略某些细节。当然，要向其他人解释这些细节，可不是一件容易的事情。

在我超过 10 年的教师生涯中，主要工作是备课和授课。这给我提供了大量思考和课堂辩论的时间，有助于我思考整个测试工作。

我在附录 B 中加入一些比较生动和晦涩的材料。其中大部分都没有发表过。这里有一些深刻的见解，但也不乏幽默，深受大学生的喜欢（当时主要的受众群体）。

2. 软件测试戒律[①]

1996 年，我在网上发布了我的第 1 版“软件测试十诫”。某天晚上，我在思考如何重现一个难以捉摸的缺陷（bug），大脑在高速运转中，相关的戒律也在逐渐浮现，这是一件相当令人兴奋的事情。正如大家所知道的那样，兴奋到很难入睡。

索性就把这些戒律写下来。完成这些后，我倒头就睡，以至于第二天上班迟到了。由于不想让自己的彻夜思考和迟到没有价值，所以我决定将这些戒律发布到我的网站上（现在仍然可以在 www.howtobreaksoftware.com 找到）。我也想知道是否有人会注意到这些戒律并对它们产生兴趣。

过了一段时间，我开始收到邮件，看来这些戒律已经有人注意到了。起初只是收到零星的邮件，随后几个月开始以每月两三封的速度稳步增加，如果哪个星期没有收到关于戒律的邮件，我会感到异常。

这些邮件既没有恭维也没有贬低，而是充满好奇。比如，有人请我解释戒律中的某一条；有人让我当裁判对他们同事间关于第 4 条戒律的打赌（我拒绝了当裁判的请求，毕竟不是让我解答问题而是决定输赢）；还有一个问得最多的问题是为什么只有九条戒律。

在与全球各地的测试人员进行了数百次线上私人沟通（其中一些持续了几个月）之后，我终于决定把这些戒律一次性解释清楚。我希望大家会喜欢，就像我多年来一直喜欢它们一样。

以下便是《软件测试戒律》。

（1）要使用大量输入反复锤炼你的应用程序。

---

① 最初发表于《软件质量工程》。

（2）要重视邻居的应用程序。

（3）要寻找睿智的预言家。

（4）不要执着于不可重现的失败。

（5）要尊重你的模型和自动化。

（6）要记住开发人员的错误并将其应用于同类问题中。

（7）要向往应用程序自杀（庆祝蓝屏死机吧）。

（8）要保持安息日（指产品发布时刻）的圣洁。

（9）要利用开发者的源代码。[①]

我先来解释下第一条和第二条戒律。希望这次解释能包含之前我所有解读的信息。

（1） 要使用大量输入反复锤炼你的应用程序

任何测试人员首先都要了解，绝大部分应用程序的输入都是无限的。输入的数据可以是独立的也可以是各种组合形式， 因此无法进行穷举测试。测试人员其次都要知道的是使用正确的输入集是解决不能进行穷举测试问题的诀窍。

对于使用正确的输入集，我是很认同的。我的写作和教学中也有大量针对如何选择正确输入集的建议。但同时我也建议测试人员在面对无法穷举的输入集不要退缩，要勇于挑战。大规模随机测试是一种解决穷举数据的妙方。它是每个测试人员工具包中的必备工具，只有极少数的项目不用它。

使用大规模随机测试方法的前提是必须实现自动化。虽然第一次做起来不容易，但随着项目的积累会变得越来越容易，最终形成“套路”。它可能发现不了大量的 bug，但可以对测试进行

① 戒律有九条而不是十条的原因，稍后详细介绍。

一个健全检查。当然，我对随机测试发现的高质量 bug（尽管数量很少）还是满意的。

应用大规模随机测试的另一个原因是，这样的测试需要了解被测应用程序的输入域。测试人员必须真正了解自己的输入以及不同输入之间的关系。我总能够从大规模随机测试发现的漏洞中获得较好的测试想法并把这些想法合并到自己的测试用例中。

（2）要重视邻居的应用程序

我在这里试图传达一个想法：不要把测试对象孤立起来。否则，你可能遇到“应用程序兼容性”噩梦。应用程序兼容性指应用程序是否可以在某些硬件上正常运行，以及不同应用程序的交互是否正常。如果遇到兼容性问题，肯定很糟糕。

解决这个问题的一种方法是储备一些其他的应用程序（多种多样的），并确保在你的应用程序运行时这些程序也在运行，不会受影响。当然，针对操作系统也要这么做。如果不希望用户告诉你由于安装某个操作系统升级包后应用程序无法运行，那么就要在测试过程中发现这样的问题。

综上所述，需要多储备各种应用程序和升级服务包。

（3）要寻找睿智的预言家

我们都知道测试至少有两部分。首先是操作，然后是检查。当我们在做输入操作时，是在验证测试软件是否对这些输入做出正确且满足需求的响应。如果没有办法验证应用程序给出的响应是否正确，那么测试的有效性就会大大降低。

测试人员称之为“预言家难题”，因为有智慧的预言家知道所有的答案。当然，我们感兴趣的答案是“当我应用一些测试时，应用程序是否做了它应该做的事情？”在任何特定的输入和环境条件组合下，应用程序应有的行为，便需要我们对预言家（检查测试输入执行过后产生结果）进行深入理解。预言的内容（检查测试输入执行过后产生结果）自动化固然困难，但值得追求，它不仅是一种有价值的测试工具，更是对智慧的孜孜以求。无论最终是否成功实现了自动化，都要强迫自己像预言家一样思考，这往往比你选择去做的其他事情更为高效。

（4）不要执着于无法重现的失败

大家都有过这样的经历：发现了一个缺陷（bug），但完全无法重现它，这个缺陷等级越高，你的感觉就越糟。我见过许多优秀的测试人员浪费几个小时甚至几天的时间试图重现自己只见过一次的缺陷。

为了重现这种难以重现的缺陷，往往要付出很大的努力，如果没有适当的工具，这些努力可能是徒劳的。测试人员往往意识不到这个问题。我见过一名测试人员为了重现一个导致崩溃的bug 花了一整天的时间，但最终仍然没有成功重现。我更希望测试人员将时间花在更有价值的方面。和任何测试人员一样，我特别理解这种挫折感，但追求复现这样的 bug 往往只是浪费时间。

这条戒律有两层含义。首先是尽量保持警惕，记住或记录对软件采取的一系列操作步骤，同时还要记住应用程序的响应。其次，考虑使用能跟踪操作和软件状态的调试工具。这样可以减少重现缺陷的时间，并能防止其他优秀的测试人员违反这条戒律。

（5）要尊重你的模型和自动化

第一条戒律强调的是随机测试。这条戒律是关于智能随机测试的，强调的是智能。但测试一旦把人工智能与自动化结合起来，就成了基于模型的测试。请记住这个术语，因为它是自动化测试的方向。

软件开发中使用的对象模型、UML 模型、结构图等可以帮助我们理解软件。测试中可以用测试模型帮助我们理解测试。模型测试针对的是应用程序做什么（模型）和它如何做（自动化）的智能结合体。好的模型不仅可以使自动化足够智能，还可以处理错误，测试范围可以覆盖之前未被覆盖的代码。建模是必要的训练，即使没有实现模型的自动化，至少也可以通过建模过程为测试做更充分的准备。

（6）要记住开发人员的错误并将其应用于同类问题中

开发工作很辛苦。过去的几十年，开发人员不得不一遍又一遍地解决同样的问题，很容易出现相同的错误。我们测试人员必须记住这些错误并把这些错误融入测试用例中。如果一个开发人员在编写某个模块时犯了错误，那么我们就要假设其他开发人员也可能会在类似模块上犯同样的错误。

例如某个开发人员倾向于编写无限循环，那么我们测试人员就需要确保开发人员编写的每个模块中都有测试无限循环这样的错误。这就是“吸取经验教训”，我们要帮助开发人员了解他们的错误模式，以便尽可能消除这些错误。

（7）要期待应用程序自杀（庆祝蓝屏死机）

我在故事中说，医生们对待自己的病人时，总是谨小慎微的。他们说：“碰这里会痛吗？”然后，只要你说：“是的！”他们就会立即停止触碰。如果测试人员是医生，情况则有所不同。

测试人员也像医生一样会问："碰这里会疼吗？"当疼痛得到证实时，接着对疼痛部位用力戳、刺激和探查等，直到疼痛变得难以忍受。这不是虐待，这是工作。任何异常都不应该被轻易放过。

你看，每个 bug 对测试人员来说都是一个值得骄傲的记录，所以每个 bug 都应该做更进一步的探查。比如，你发现了一个 bug，该 bug 导致屏幕上显示的数据格式不正确。这个 bug 发现得很好，但能否做更进一步的探究来验证应用程序内部数据存储是否也有这种数据格式不正确的错误？如果真的有这样的错误，就说明你又发现了一个更好的错误。接着，你还可以验证应用程序的某些计算功能是否会使用这些格式不正确的数据，如果是这样，说明你现在已经将一个简单的小格式错误升级成了一个会导致数据损坏和应用程序崩溃的重大错误。

通过对一个缺陷的深入探究来发现足以导致系统崩溃、蓝屏死机的重大缺陷，或许这就是缺陷探究的最高境界。我还清楚地记得自己第一次通过一个 bug 最终发现蓝屏死机缺陷的情景，恍如昨天，以至于后来做测试的时候，我都期待着有这样的发现。

这条戒律的寓意是在每个好的缺陷背后，可能都隐藏着更好的缺陷。永远不要停止探索，除非你完全了解它的影响程度和破坏力。

（8）要保持安息日（指产品发布时刻）的圣洁

我经常听到测试人员抱怨发布日期。测试人员通常想要延后发布日期，而且他们给出的理由往往很充分，但有的时候， 测试人员给出的延期发布理由并不那么重要。

事实上，决定软件应用发布时间不只是质量，质量固然重要，但市场压力、竞争、用户需求度、人员安排问题以及许多非测试问题，盘根错节，共同影响着发布日期。作为测试人员，我们必须在规定的时间内完成尽可能多的工作。

我们不应该抱怨发布日期。相反，我们应该提前对存在的问题作出响应和反馈。这是我们的责任，也应该是我们关注的重点。

（9）要利用开发人者的代码

我不太相信开发人员能把白盒测试做好。虽然我认为开发人员应该学着做好，以便测试人员可以专注于更重要和复杂的行为测试。然而，不要吹毛求疵，如果你可以接触到源代码的话，请珍惜。

但对于源代码，我们应该从测试的角度去利用它，而不是从开发的角度。我对源代码的兴趣是多方面的，但这里我不能讨论所有的问题。我认为可以从阅读源代码中学到很多东西。对于我来说，阅读源代码时最重要的是寻找错误处理代码，从中了解哪些错误会被处理。错误处理程序的逻辑很难从用户界面看到或获取，所以值得我们花时间了解源代码中编写了哪些错误处理和如何触发这些错误处理。

事实上，我们可以从源代码中收集到许多这样的线索，这些线索让我们了解需要执行哪些测试。我们不应该羞于询问和使用源代码。

以上就是我对九条戒律的具体解释。下面说说为什么只有九条而不是十条。在我们的刻板印象中，戒律通常就应该有十条，这个十条是我们假设的，并且认为这个假设是对的，我们并不会花心思检查这个假设是否成立。

对于软件测试人员来说，假设是一件非常糟糕的事情。假设可能会降低生产力，并破坏一个好的项目，假设甚至还会破坏职业生涯。优秀的测试人员永远不做任何假设。事实上，我们之所以被称为测试人员，是因为我们的职责就是通过测试来验证假设的真伪。任何假设在未被我们测试验证之前，都不能证明真伪。

测试人员如果喜欢用一些未被测试验证过的假设，就应该考虑转行做开发。没有哪个测试人员不曾听开发说："噢，我们假设用户不会那样做。"对于测试人员来说，假设必须经过测试来验证。我听有位测试顾问说过："期待意想不到的事情发生。"我不认可这句话，相反，我认为，只有没有任何期待，你才会找到你所寻求的东西。

3.测试错误代码 ①

开发人员写的代码有两种。一种是完成工作的代码，称为功能性代码，因为它提供的功能可以满足用户的需求。另一种是防止功能代码因为错误的输入（或其他意外的环境条件）而失效，称为错误处理代码，因为它的作用是处理错误。对于许多程序员，这是他们出于必要被迫编写的代码，而不是因为这类代码特别有趣。

同时编写这两种代码是有问题的，因为软件开发人员的头脑中必须在两种代码之间进行上下文切换。但这些上下文的转换是有问题的。它们要求开发人员停止考虑一种代码之后才开始考虑另一种代码。

假设大龙是一个勤奋的开发人员，他正在编写一个新的应用程序。大龙从编写功能代码开始，甚至可能就在用 UML 之类的

① 本文最初发表于《软件质量工程》。

东西来帮助自己理解要实现的各种用户场景"大龙好样的！"事实上，像大龙这样优秀的程序员，可以找到大量信息来帮助自己理解功能（书籍和教程、还有很多已经发布的有用示例），都可以为大龙编写高质量代码提供参考。

但是，当大龙意识到需要错误代码时，会发生什么呢？当他决定需要对某个输入进行边界检查时，可能正在编写或指定某个代码对象。大龙该怎么做呢？一个选择是停止编写功能代码，转而编写错误代码。这需要大龙的开发头脑切换上下文。他必须停止考虑用户场景和正在实现的功能代码，转而开始考虑如何处理错误。处理错误可能很复杂，可能会花费一些时间。

现在，大龙返回编写功能代码的任务，他的大脑必须回忆上次被打断的思路。这种上下文转换比第一个更难。因为编写任何不算小的应用程序，都需要设计无数决策细节和微小的技术细节。问题来了：可怜的大龙不得不忍受两次上下文切换来处理同一个错误。想象一下，即便只是一个小应用程序，也可能发生很多次这样子的上下文切换

大龙的另一个选择是推迟编写错误代码，以免上下文切换。假设大龙编写完功能代码后，开始编写错误处理代码，那他可能要花一些时间来回忆为什么要这样做。现在的大龙是在没有上下文的情况下编写错误处理代码，因为错误处理代码缺少功能场景，最终怎么写都有问题。因此，对于我这样的人，这是一个寻找 bug 的最佳地方。现在，从测试的角度来分析如何来测试错误处理代码。

强制程序错误消息发生是获取错误处理代码的最佳方法。软件应该适当地响应错误的输入，或者它应该成功地阻止输入信息

进入程序。唯一确定的方法是使用一连串非法数据的输入来测试应用程序。测试错误处理代码时，有许多因素需要考虑。也许最重要的是了解应用程序如何响应错误输入。我尝试区分三种不同类型的错误处理程序。

首先是输入过滤器。可以用来防止错误的输入进入被测软件。例如，用户图形界面的非法输入，通过用户图形界面进行过滤，只允许合法输入通过该界面。如果年龄要求输入信息为整数，则输入过滤器会把非整数输入直接过滤，不会回显到系统中。

其次是输入检查。旨在确保软件不会使用错误的输入来执行程序。最简单的情况是，每次输入进入系统，开发人员都会先用 if 语句进行判断，确保输入信息在被处理之前是合法的。如果 if 输入是合法的，就执行它，否则显示错误消息。对于执行输入检查，测试人员的目标是确保可以看到所有的错误消息。

最后是异常处理程序。异常处理程序是最后的“杀手锏”，用于软件因处理错误输入导致失败后进行清理。换句话说，错误的输入被允许进入系统用于处理，系统被允许失效。异常处理程序是在软件发生故障时调用的例程。它通常包含重置内部变量、关闭文件和恢复软件与用户交互能力的代码。通常还会显示一些错误消息。

测试人员必须考虑被测软件接受的每个输入，并专注于错误值，如输入太大、太小、太长、太短的值，这些值超出可接受的范围或错误数据类型的值。使用这种方法所发现的主要缺陷是缺少了错误处理代码，因为开发人员对自己不知道的错误输入数据或个别情况下的数据遗漏没有在代码级别做错误处理。这种缺失错误处理代码的情况几乎总是导致软件挂起或崩溃。我们还应该注意错误消息的放置位置。有时，开发人员获取的是错误消息，却反馈到正确的输入值上。

最后，用户看不懂的错误信息（如“错误 5 - 未知数据”）对用户来说没有意义。虽然这样的消息不会对用户造成直接的伤害，但很草率，并且会导致用户对软件开发厂商产生怀疑。“错误 5 - 未知数据”对某些开发人员来说似乎不错，但会使用户心中产生挫败感，因为他们不知道自己做错了什么。无论是测试 GUI 面板中的输入字段还是 API 调用中的参数，在进行此类测试时都必须考虑输入的属性，要考虑一些常规的输入属性。

首先是输入类型。输入无效类型通常会导致错误消息。例如，如果有问题的输入是一个整数，则表明输入的是一个实数或一个字符。

其次是输入长度。对于字符（字母、数字）输入，输入过多的字符通常会引起错误消息。

最后是边界值。每个数字、数据类型都有边界值，有时这些值代表的是特殊情况。例如，整数 0 既不是正整数也不是负整数。

准备好发现一些让人震惊的 bug 吧！

4. 资格的测试人员，请出列[①]

是什么因素使得一些公司成为测试人才的天堂，而另一些公司却总是引起他们的测试团队的不满？我每次参加测试大会，都会听到同样的抱怨：

- “开发人员认为他们比我们优秀。”
- “开发人员总是延迟交付代码，一旦进度出问题，被指责的却总是测试人员。一切都是我们的错。”

① 本文最初发表于《软件质量工程》。

- “上层管理人员把我们当成二等员工。”
- “我们如何获得应有的尊重？”

……

我无意中听到这些人与现场测试顾问的对话。总的来说，顾问们都是以理解的心态给出改进建议。大多数解决方案分为两类。

第一，加强测试、开发和上层管理之间沟通，建立一个沟通反馈的机制，让他们充分了解和认可测试。

第二，测试人员缺少行业的组织机构。组织机构可以进行权威的认证评定，使测试领域更专业，并有助于获得更充足的资源和待遇。

坦率地说，出于对测试顾问的尊重，第一种解决方案听起来很像菲尔医生的婚姻建议，[①] 而第二种听起来很像工会。

在我看来，无论是菲尔医生的心理治疗还是工会，都不能解决这个问题。在科技行业，专业到位，尊重也自然到位。这是一件好事。我们经常听到其他行业的人抱怨：“才华与尊重或晋升无关。”我们的目标是工作足够出色，让同事和管理层除了尊重我们别无选择。

为了解测试行业的问题，我一直在做调研。我通过研究那些不存在这一问题的公司来完成我的调研，这些公司的测试人员很受开发人员和管理人员的尊重，获得的薪酬和职业道路与开发人员一样。

我发现了以下共同点（排名不分先后）。

首先是能力为王。我研究的公司中，都有大量测试人员，他们对自己的测试能力感到自豪。他们很优秀，他们也知道自己很

① 麦格劳博士是美国家喻户晓的电视心理学家、当红脱口秀节目主持人和畅销书作家。2020 年留名于好莱坞星光大道。

优秀，以展示自己的才华而自豪。我听他们谈论他们发现的 bug 时，就像开发人员谈论他们的代码一样自豪。他们会给自己的 bug 命名，如果有人提出质疑，他们还会重新描述自己发现 bug 的过程以及 bug 相关的每个细节。出色完成工作的自豪感并不是开发人员的专属。面对这些测试人员，我愿称他们为最强！

其次是质量至上。为了避免你读到上面第一条时认为那些测试人员傲慢和自私，我这项研究的焦点是对产品成功的最大贡献。尽管开发人员带着可以理解的自豪感看待自己在产品中加入的东西，测试人员也可以对其排除在产品之外的东西感到同样的自豪。因此，测试人员值得我们尊重。他们值得我们感谢。有远见的公司一般都准备好付出尊重和感谢。对于那些拒绝慷慨地给予这种尊重的公司，也许他们愿意重新植入那些漏洞，不需要优秀的测试人员提供任何帮助。

接下来是持续学习。我经常受邀为学员提供为期一天的测试培训课程。参加这些课程的是求知若渴的测试人员。每次上课我都以这句话开场："任何认为自己可以一天内学会测试的，都是软件测试行业的傻瓜。"我邀请这些人离开我的课程并恳求他们离开这个行业。通过这个相当严厉的声明，我坚定地认为：测试绝不可以受到任何轻视。

测试是一种追求，一旦开始就永远不会结束。这就是现实：我们永远无法完成我们的测试任务。无论我们验证了多少的代码，总有更多未被发现的代码。无论我们应用多少种输入组合，有待应用的输入组合更多。无论我们认为自己多么擅长测试，都有更多的复杂性和微妙无法完全理解。

测试人员必须主动要求并且接受必要的继续教育。可以通过会议、现场或远程课程、书籍以及（如果你足够幸运能找到的话）研究生课程等方式接受教育。拒绝提供继续教育福利的公司应该被禁止留在软件开发行业。这样的公司对全球各地的软件用户来说都是一种威胁。测试是具有挑战性的。对于测试来说，必须要培训，而且要强烈要求接受培训，拒绝为测试人员支付培训费用的公司对员工是不负责的。

最后是测试岗位应该招聘有学位的工程师。测试不是文职工作，是工程，最好由训练有素的工程师进行。显然，这里不能过分概括。有一些主修艺术的人也成为优秀的测试人员。我们总是需要领域专家来测试需要专业技能的应用程序。想象一下，测试飞行模拟器时团队中没有一两个飞行员。但是，一般来说，计算机科学学位（或相关专业）是必要的。算法、计算复杂性、图论和数据结构等背景知识，都是必要的技能，是深入和全面的测试教育的基石。

现在，如果能让更多的大学真正开设测试课程，测试行业会发展得更好。但不管怎么说，测试人员都必须了解开发，即使测试人员没有定期进行实践。

优先招聘专业从事技术以及与计算机科学相关专业（电气工程、计算机工程、物理和数学等）的大学生（及其以上）。测试人员的教育水平要与开发人员的教育水平相当或更高。

坚持要求公司提供继续教育的福利。首先要向公司表明，更先进的测试技术可以融入测试工作中，更快速地发现已发布产品中存在的问题，并强烈要求提供相关的技术培训。必须提出“更多的培训等同于更好的软件”这样的观点并使其更具有说服力。

在公司内部培养测试文化，让测试人员能够从自己测试发现的 bug 和客户发现的 bug 中学习。不要为漏掉的 bug 道歉，要让这些 bug 成为学习机会。把这些 bug 分离出来，确保每个测试人员都知道为什么这个 bug 会被忽略。bug 是公司的资产，因为它让我们知道哪里做错了。积极主动地纠正这些错误，可以向高层管理人员展示测试也是产品开发的关键组成部分。只有这些问题得到认真对待，才会得到改进。只有咱们自己重视自己，才能指望得到上级的重视，指望上级的认真对待。越注重个人测试能力的改进，能获得更越多尊重。

最后，我必须指出，软件行业，越来越多的公司正在认真对待测试并认识到测试价值。如果是效力于一家并不怎么重视测试人员的公司，不妨“如良臣择主而事”。

命运掌握在自己的手中。追求个人卓越，认识到自己对项目的重要性，为自己及团队未发布的缺陷感到骄傲，并要求参加继续教育。唯有尊重自己的职业，才能得到应有的尊重。

职业测试人员万岁！

5. 三振出局，新手上场[①]

20 世纪 70 年代后期，软件质量问题非常明显。软件难以编写，难以维护，经常无法满足用户的要求。为了解决质量问题，研究人员在软件工程早期阶段研究了编写代码更好的方法——采用结构化编程，形式化方法的推动也随之展开。形式化方法的推动者认为：如果能用具有严格语法定义的语言进行描述，代码就会更好！少数人甚至将零缺陷作为自己的信条。对形式化方法的探索那时候就已经开始了。不幸的是，这种探索还在继续。

---

① 本文最初发表于《软件质量工程》。

形式化方法倡导者之后是工具供应商。他们认为，如果使用正确的工具，你的代码就会更好！许多工具极大地提高了开发效率。但即便开发组织在工具上花了数十万美元，软件仍然可能存在缺陷。

最后上场的是过程改进的倡导者。他们认为，只要认真仔细地按照软件开发产品一系列的步骤去做（如 CMMI 规范），你的代码就会更好！结果，我们的开发人员变得和项目经理一样忙碌。因为开发人员不仅要开发软件，还要编写文档。但是，软件仍然存在错误。

本文讨论这三颗“银弹”并分别阐述它们的缺点。我认为，从定义上讲，这个问题的答案必须属于技术层面，而不是管理层面。最后，我会阐述我的第四种解决方案。

第一个方案是形式化方法。

形式化方法是个好主意。从本质上讲，形式化方法把计算机编程等同于解决数学问题。可以利用创造力、智力和大量的练习来解决类似问题。然而，形式化方法有一些不可忽视的问题。

首先，软件开发人员不会用，这让形式化方法的倡导者困惑不已。对我们其他人来说，这是个相当明显的问题——没有人能够用形式化方法向开发人员展示程序的时序、控制和行为等。书籍和论文中的例子太过简单，无法将这些想法用于实际的开发问题。另外，一旦当前不在自己擅长的领域（舒适区），那么形式化方法就会分崩离析。大家还记得学完代数后学微积分的感觉吗？代数问题很简单，因为你已经解决了数百个问题。但同样的解法似乎并不适用于微积分问题。

其次，即使使用形式化的方法，编写的代码还是有缺陷。形式化方法不解决除算法之外的任何内容。我们都知道，算法在纸面上可能是正确的，但在计算机上运行却可能失败。计算机有空间和时间的限制，还要处理操作系统及其他应用程序，这些都与应用程序之主要算法的代码无关。事实上，处理输入和处理错误的代码通常远远超过了完成主要工作的算法，也复杂得多。而且，处理此类代码的形式化方法并没有。

形式化方法很重要，但只能算是让你获得可靠软件的其中一招。一击不中。

第二个方案是工具。

工具可以提高软件开发的效率，但不能保证零缺陷。事实上，甚至不能保证 bug 更少。因为工具本身可能就有 bug，在项目中会产生更多的未知因素。一旦发现缺陷，就需要先确认是产品自身的缺陷还是工具出了问题。

工具包括从简单而不可或缺的文本编辑器和编译器，到用于分析和设计的集成环境。使用编辑器和编译器的开发人员很少有令人发指的言论，垄断这个市场的是设计工具供应商。对一个项目来说，好看的 E-R 实体 - 关系图和一名精通目标实现的程序员哪一个更有价值？你会花 10 万美元购买一个工具，还是雇一个对当前问题领域非常了解的程序员？如果工具使用得当，无疑会提高你的工作效率。但工具本身也有学习成本，并且工具能提供的功能也有限，此外，还要担心本身就有 bug 的工具是否会进一步引入 bug。

你看，如果工具真的是银弹，就不会有 bug 了。二击不中。

第三个方案是过程改进。

过程改进人员尝试通过控制改进软件开发过程来提高质量。显然，控制和改进软件开发过程符合每个人的最大利益。然而，软件开发是一个技术问题，而过程改进是一个管理问题，所以不能简单地对质量产生深刻的影响。好的组织可能产生坏的软件，糟糕的组织也可以生产出好的软件。

此外，普通的技术人员对过程改进计划鲜有热情。ISO 认证是一种痛苦，SEI 评估没有意义。两者都减少了创造力，增加了管理开销。在这个领域工作的一部分乐趣在于免遭微观管理之苦。为什么脑子灵光的开发者会觉得这个主意不错呢？

好吧，也许这确实是个好主意，但它对质量问题没有明显帮助。我曾经是一家形式化咨询公司的合伙人，他们进行 SEI 五级培训过程中使用的示例代码片段，无论是编写错误代码的形式化方法倡导者，还是研究代码的成熟流程组织，都没有注意到示例代码存在着致命的缺陷。即使是在证明代码片段正确的过程中，也没有发现错误。为什么？因为采用形式化方法的人更关心数学，而注重过程的人们关心文档，根本没有人在看代码！幸运的是，测试组织在关注并且捕获了该错误。

管理解决方案无法解决技术问题。三击不中。

第四个方案……

我们需要有人想出第四个银弹，只不过它不应该是银的。事实上，我认为第四种建议应该是一种很普通的颜色，这样就不会有人注意到它。它不应该是革命性的东西（就像金子弹或白金子弹那样），它没有任何意义，人们不会避免使用它。它应该非常普通， 以至于开发人员可以将它无缝地集成到他们日常的开发设计中。它应该简单易懂，以至于开发人员如此评价：“这很简单嘛！” 不仅如此，它的目的必须是得到使用并且能够带来积极的行业影响，否则这就只是象牙塔里的废话，受不到真正干活的人重视。

事实证明，这种技术很容易被有能力的开发人员理解，并且不会从根本上改变组织中软件开发的方式。如果你现在是一名优秀的开发人员，那么你仍然会是一名优秀的开发者（优秀的开发人员知道自己不擅长填表格，所以无法成为过程改进坚定的拥护者）。如果你是一名普通的开发人员，也许你会变得更好。无论以哪种方式，你编写的代码都可能比以前更容易理解，bug 也更少。

6.软件测试是艺术、手艺还是学科

第一本关于软件测试的书[①]为软件测试人员和软件测试职业定下了基调。书的标题是 The Art of Software Testing，把软件测试比作一门艺术，测试人员像艺术家一样把创造力应用于软件质量保证上。软件测试和质量保证的从业者就这样被贴上了标签。

（1）测试不是一门艺术

软件测试与绘画、雕塑、音乐、文学、戏剧和舞蹈这类的艺术相去甚远。在我看来，把软件测试比作一门艺术并不恰当，因为测试人员接受的训练更偏工程而不是艺术。

当然，我同意，软件测试人员也需要像艺术家一样富有创造力，但艺术并不是训练就可以获得的。大多数艺术大师本来就有艺术天赋，而我们这些不幸的没有艺术天赋的人即使一生都在练习，也不太可能发展出这样的能力。

---

① 1979 年迈尔斯的《软件测试的艺术》出版之前，有几本以书籍形式出版的测试论文集，但只有他这本书是第一本只讲软件测试的书。

我还了解到，有两位作者试图对 The Craft of Software Testing 这样的书名申请版权保护，作者承认这也是暗示软件测试从艺术到手艺的转变。这大大降低了测试人员的工作难度。事实上，把软件测试视为一门手艺的想法与称之为一门艺术一样令人不安。像从事木工、水管工、泥瓦匠和景观设计这些工匠，他们并不需要真正的基础知识。大多数手艺人是在工作中学习，只要他们有练习的动力，掌握手艺是理所应当的。手艺只需要三分之二的熟练和三分之一的技巧。的确，木匠不需要了解树木的植物学知识，也能巧妙地将木材打造成美观有用的东西。

测试不能用艺术或手艺来描述，我甚至会跟试图将测试称为艺术或手艺的人吵上一架。

我建议，关于软件测试的书，最合适的书名是《软件测试学》。我认为，这可以更好地定义我们测试人员的工作，并为我们提供一个有用的模型，使我们可以在此基础上来确定培训体系和职业。事实上，通过研究其他学科，我们比使用艺术或手艺的类比更能深入了解测试。

学科是知识或学习的一个分支。掌握一门学科需要的是训练而不是练习。训练不同于练习。训练需要一遍又一遍地做同样的事情，关键在于重复。例如，一个人长时间练习投球，就可以精通投球，但简单的投球并不能让他成为美国职棒大联盟的投球手，想要成为投球手，需要更专业的训练。

训练不仅仅是练习。训练意味着需要了解学科的细枝末节。投手需要进行肌肉训练，以便在投球时释放最大的力量；投手通过研究投手丘的状况来掌握在球场如何蹬地可以产生最大的投球效果，以及如何利用自己更强壮的腿部肌肉来更快地推动球。投手还要学习有效使用肢体语言来恐吓击球手和跑垒者，以及进行杂技、舞蹈和瑜伽训练。训练有素的投手会成为比赛中的佼佼者，他会做很多与投球无关的事情，而这些看似无用的事情却能使其成为更好的投球手。这就是好莱坞电影《空手道少年》会给车打蜡及会在围栏柱上练习平衡的原因，他不是在练习战斗技巧，而是在接受训练成为更好的战士。

相比将其视为一门艺术或一门手艺，将软件测试视为一门学科更有用。我们不需要那些有质量保证天赋的艺术家，也不需要通过工作实践来提高手艺的工匠。如果是那样，很可能无法完全掌握软件测试这门学科。我们可能变得优秀、相当优秀，但仍然难以企及黑带（我敢说绝地武士？）。精通软件测试需要专业的训练。

软件测试训练要重视对基础知识的理解。我建议从三个方面着手。

第一，掌握软件测试的人要了解软件。软件能做什么？它使用什么外部资源来执行此操作？它的主要行为是什么？它如何与环境相互作用？这些问题的答案与练习无关，与训练有关。有的人可能练习多年，但仍然无法理解。

软件运行的复杂环境主要由 4 类软件使用模块（即应用程序环境中能够发送应用程序输入或使用其输出的实体）组成，分别是操作系统、文件系统、库 /API（如通过软件库来试用网络）和通过 UI 进行交互的人。有趣的是，在 4 类用户中只有用户界面（UI）这一类是测试人员可见的。操作系统、文件系统和其他库的交互都是不可见的。在不了解这些接口的情况下，测试人员只考虑占总输入很少的这部分可见输入。只关注可见的用户界面，使得我们可以找到的错误以及我们可以强制发生的行为极为有限。

以磁盘空间已满的场景为例。我们应该如何测试这种情况？通过用户界面的输入很难触发代码处理磁盘空间已满的情况，所以只能通过控制文件系统接口来测试此方案。具体来说，我们需要强制文件系统向应用程序指示磁盘已满。控制 UI 只是解决方案的一部分。

了解应用程序的工作环境是一项非同寻常的工作，所有练习都无法帮助你完成。了解应用程序的接口并拥有相应的测试能力需要进行严格的训练。艺术家和工匠不需要完成这样的任务。

第二，大师级软件测试人员要理解软件故障的原理。开发人员的 bug 是如何产生的？某些编码习惯或编程语言是否特别容易出现某些类型的错误？有这类错误的软件是否有某些行为可能出现特定的故障？特定故障的表现如何？

测试人员必须研究许多不同类型的故障，然而，缺陷表单的字段太有限了。以数据变量的默认值为例。对于程序中使用的每个变量，必须首先声明该变量，然后为其指定一个初始值。如果跳过这些步骤中的任何一个，这里就会有错误，测试人员需要进行查找。未声明变量（与允许隐式变量声明的语言一样）可能导致单个值存储在多个变量中。初始化变量失败意味着在使用变量时其值不可预测。在任何一种情况下，软件最终都会无法运行。测试人员的诀窍是强制应用程序无法运行，然后识别出它已无法运行。

第三，大师级软件测试人员要能够分析软件无法运行的原因。如何做可以使软件无法运行以及原因为何。是否有软件故障症状可以提供应用程序运行状况的线索？某些功能是否存在系统性问题？如何使这些功能失效？

要学的还有更多，总是有更多的东西要学。软件测试这门学科需要终身学习。如果将自己的思想局限于自己知道的领域，你将无法真正精通测试。训练可以丰富你的知识，无论你是否登顶，追求过程本身就有价值。

恢复对测试行业的尊重

软件开发几十年，我们得到一个不争的事实：我们这个行业开发的应用程序是蹩脚。不安全感和不可靠性在我们看来是常态。

这是真的，作为一个行业，我们不能再否认了。2002 年美国国家标准与技术研究院（NIST）的研究结果表明，修复缺陷是软件开发的主要开销（可在 www.mel.nist.gov/msid/sima/ sw_testing_rpt.pdf 找到）或者可以简单看下流行的科技文化，你会发现这些有缺陷的软件正在创建新的名词：垃圾邮件、网络钓鱼、域欺骗[①]，这只是其中一些样本。糟糕的应用程序真的已经非常普遍了，我们只能为软件缺陷和其他让用户头疼的漏洞分配有趣的绰号。这是任何有自尊心的软件专业人士都可以引以为豪的情况吗？

第一个问题的答案显然是肯定的，而第二个问题的回答是断然否定的。调查为什么会这样以及我们能做些什么，这是我们这个行业可以担负的最有价值的任务。实际上，这可能使我们避免创建安全漏洞和质量问题，最终解决软件错误给用户带来的困扰。

---

① 译注：最早出现在 2004 年左右，借由入侵 DNS 的方式，将用户导引到其他伪造的网站，因而又被称为 DNS 下毒，还会混合木马及键盘动作记录等手法。在所有攻击手段中，这种网络欺骗的占比为 23%。

（2）事与愿违的过去

过去尝试用事前计划来保证编写的代码是安全可靠的。我的意思是，软件开发实践的重点一直是需求规范、架构和开发。这些都位于软件开发生命周期的早期。这是因为我们认为“质量无法测试”，所以直觉告诉我们需要专注于预防缺陷。

这个概念“看上去很美”，以至于早在 20 世纪 70 年代就有许多软件构建范式开始采用：结构化分析 / 结构化设计、净室、OOA（面向对象分析）/ OOD （面向对象设计）/ OOP（面向对象编程）和面向方面的编程，等等。

软件缺陷继续存在，过程管理社区也在继续努力消除缺陷：契约式设计、设计模式，RUP（Rational Unified Process，软件统一开发过程），等等，但结果并不理想。

最后，我们意识到这种事前计划根本行不通。当现实变化太快而无法预测时，我们想通过程管理提前指定需求并做好测试的想法又给了我们这个行业当头一棒。

为此，我们还有更多方法：极限编程和敏捷开发成为主角。进展？嗯。好吧，我并没有抱太大的希望。这些方法的问题在于：都在教我们使用所谓正确的工作方法。

现在，许多行业已经找到了正确的做事方式。画家忙着研究毕加索和伦勃朗等其他许多大师的作品。音乐家纷纷学习贝多芬、亨德尔、莫扎特和巴赫的作品。建筑师研究金字塔、泰姬陵和弗兰克・劳埃德・赖特大师的作品等。所有这些职业都存在了很长一段时间，所以有很多的例子可以证明哪些人或事情是做对了，要想跟随前辈的脚步做到精通，有很多榜样可以效仿。

但是，我们很不幸（同时也是机遇），在软件行业初期就入行，以至于没有这样完美或能借鉴的例子。如果有的话，就可以研究这些经典程序，使得新一代程序员可以从前辈那里学习这门学科。

（3）寻求精进

在没有事先了解如何正确使用软件的情况下，是否有可能构建一种软件开发方法呢？我的回答是否定的，我的证据是软件并没有变得更好。事实上，我认为我们构建的系统在复杂性上远远超过了开发方法给为我们这个行业带来的微小进步。

不管怎样，我们都要面对事实：我们不知道如何构建有一定规模的高质量软件。

当流行科技文化不再为我们的漏洞和其他让用户头疼的问题起绰号的时候，就表明我们正在进步。但在那之前，需要一个更好的方案。

我们不能在一个只有失败的环境中学习成功。所以我建议，我们应该学习失败，重新构建我们的开发流程。

让我来解释一下这句话的意思。我们编写的那些未被发现并且在我们产品中一起被发布的缺陷，最能清楚表明我们做错了哪些事情。但过去所有的方法都认为缺陷必须要避免和隐瞒。

由此而来的结果令人遗憾。我提议停止将缺陷视为坏事，应该尊重并接受缺陷。把缺陷引导至消亡之路上，我认为这是唯一可靠的方法。要使我们的行业不至于沦为工程学科的笑柄，研究缺陷是最好的改进方法。

我们应该好好研究缺陷。

（4）安全漏洞和质量问题分析过程

我建议，从漏洞开始，然后反向倒推，这样的过程可能更有效。具体步骤如下。

第一步：收集我们交付给客户的所有缺陷（特别注意安全漏洞）。与其把它们当作可能跳出来咬我们的蛇，不如把它们当作企业的资产。这些缺陷最真实地暴露了我们的流程问题、错误思维和我们犯过的错误。如果不能从做错误中吸取教训，太遗憾了。如果拒绝承认我们犯的错误，以后会有更严重的错误。

第二步：分析每一个缺陷，以便停止再犯、更擅长发现以及及时精准识别。

第三步：在组织中培养一种文化，使得每个开发人员、测试人员和技术人员都了解写过的每个错误。

第四步：记录经验教训。在此基础上编写缺陷知识体系，并建立一套新的方法。这些方法的目的是防止我们犯下最严重的错误。

可以通过质疑缺陷来完成上述步骤。我认为，可以从三个问题开始，让我们知道我们做错了什么。第一个问题：对于我们发布的每个缺陷，都要好好想想："是什么 bug 导致了这个错误？"

这个问题的答案有望教会开发人员更好地理解他们在编写代码时所犯的错误。一旦每个开发人员都了解自己和同事的错误，我们的开发团队内部就会形成一个知识体系，这样的知识体系将减少错误，有助于指导评审和单元测试并减少测试人员的验证范围。最后提高进入测试阶段软件的质量。

第二个问题：什么样的失效状态可以让我们意识到有这样的 bug？

请记住，我的建议是研究已发布的 bug，所以假设 bug 被遗漏或者被发现但没有被有意修复。在前一种情况下，测试人员将创建一套关于如何将有 bug 的行为与正确的行为进一步隔离开的知识和工具，而在后一种情况下，整个团队将对 bug 等级评定的标准达成一致。

其结果将是交付更好的软件给我们的客户。

第三个问题：什么测试技术会发现这个 bug ？

对于测试中被完全遗漏的 bug，我们需要了解哪些测试能发现，并帮助诊断。现在，通过测试来发现重要的 bug，为测试知识体系增加新的实践。

其结果将是提高测试命中率和缩短测试周期。

我之所以提出上述建议，是因为我们还没有办法把软件做对（没有缺陷），但我们可以理解是如何做错的，然后停止错误。由此得到的知识体系虽然不会告诉我们开发软件时要做什么，但会告诉我们不应该做什么。

这就是我所说的：测试学科朝着让我们引以为傲的方向发展。

一起开始为 bug 庆祝吧！

（三）我在微软做测试

若非能言善道，请缄口不语。

——迪士尼的桑普（引用他父亲的话）

博客刚刚兴起时，我并不感到兴奋，毕竟我也不是没有在大学里当过老师。在我看来，相比学术论文（须经过严谨的科学研究且需要同行匿名评审、技术审查和编辑审核才能发表），博客似乎很不专业并且发布也很随意。任何一个人，无论是否受过教育，都可以通过博客发表个人观点，不用在意观点是否合适。

但我还是赶上了 21 世纪的潮流，我为微软的各类博客写过不少文章。我的老板第一次让我开始定期写博客，是因为我们有要销售的产品，他觉得我的博客会引起很多人的兴趣。

他的计划取得了一些效果。我的博客确实吸引了不少流量，并受到了微软开发人员的尊重。但我没有用它来推销东西，我就像博客圈里的其他“傻瓜”一样，只用它来宣传我最喜欢的主题：软件质量。我想利用博客达到进一步的交流，而不是把博客作为营销工具。这样做能否成功，并不是我个人能决定的。

我的博客收到很多反馈和评论，有些留言在博客上，但大多数是通过电子邮件发给我的。还有一些是在走廊或会议交谈中提及的，这部分内容我没有记录下来。这些反馈和评论中，有的是对博客主题进行补充， 有的则指出我的有些观点会误导读者。还有人抱怨说，我把自己的雇主描述得不够高大上（至少一位公司副总裁是这么说的）。下面以博客文章的发布时间为顺序，对精彩评论或意见进行要点梳理并加以说明。

> 这篇博客文章发表于 2008 年 7 月。两年前，我加入微软，担任核心操作系统部门的安全架构师。系统安全不是一个轻松的话题，好在我的同事霍华德（Michael Howard）在他的博客里已经对系统安全进行了详细且全面的阐述，以至于我不需要在这个话题上费太多笔墨。这是我的第一篇博客文章。

多年来，我一直不胜其扰，老有人问我有没有博客以及我为什么不开博客。好吧，之前为什么一直没有博客已经无关紧要，所以我就不说了。现在，我会尽我所能确保博客中的内容值得大家的期待。

我在微软做测试的最新动态如下。

■ Visual Studio 团队系统测试版的架构师

微软此时正在加大测试工具业务的投入，我发现自己是核心成员之一。如果是你，会有什么样的期待？我们不仅提供新的测试工具以替代旧工具，还要发布有助于测试人员进行测试的工具：手工测试人员的自动辅助；缺陷汇报机制，通过 bug 报告将开发人员和测试人员关联在一起，而不是使他们各自为战；可以使测试人员在软件开发过程中发挥更重要作用的工具。我对这些充满了期待！

■ 微软质量和测试专家社区的主席

这个内部社区由公司最资深的测试和质量方面带头人组成。2008 年春天，我们启动了社区活动，参加活动的人数破了记录（微软技术网络社区中最多的），活动中一些长期任职测试的人员回顾了微软测试历史，我对测试领域的未来进行了预测。讨论热烈，展示了大家对测试领域的热情。在接下来的季度大会上，要共同深入研究微软研究院推出的测试相关工作。微软研究院中负责虚拟地球和全球望远镜的部门也研发了自己的测试工具！我对这些都充满了期待！

■ 代表我的部门（DevDiv）与 Windows 合作开展一个名为“质量探索”的联合项目

这个项目中，我们的关注点是质量，探索我们做什么可以确保下一代平台和服务的可靠性，让用户认为软件无差错运行是理所当然的。这听起来就让人兴奋，不是吗？当然，我们不会手舞足蹈，表现得我们的软件好像是完美的。所有听过我演讲的人（无论是我加入微软之前还是之后）都见过我如何肆无忌惮地破解软件。在这个项中，我们也将不遗余力地破解我们的系统，了解系统失败的原因以及哪些流程或技术可以用来解决这种情况。

这是我的第一篇博客，无论你是否同意我的观点，我都希望能在这里跟大家分享我对测试的热情。或许，只是或许而已，会有更多的人加入这个博客的交流，共同为提高软件质量献计献策。

1.PEST（酒吧探索式软件测试）

读过《如何攻破软件》第 6 章的人都知道，我喜欢把测试和泡吧放在一起谈。我为学生设计的许多训练和挑战活动实际上都起源于酒吧。不知怎的，酒吧的气氛打破了壁垒和禁忌，可以把话题都集中在测试上。酒吧里没有办公室里常见的让人分心的事情，酒吧给了我一种其他地方无法比拟的禅意。也许其他地方也能给我这种感觉，但我不想花时间去尝试了。不过，我确实还尝试过另外一个地方，即足球场（关于足球场的博客文章我暂时还没写。如果你感兴趣，请告诉我）。

在英格兰，有一群测试人员把在酒吧里的软件测试正式定义为 PEST（Pub Exploration and Software Testing，酒吧探索式软件测试，这是一群非常有远见的人。这些测试人员每月（大约）在一家酒吧聚会，讨论测试以及交流彼此对探索式测试的理解，让自己在测试思想、技术、自动化和其他方面上有更多的思考（至少是在第二天宿醉之后）。

我有幸在 7 月 17 日参加了他们在布里斯托尔郊外一家酒吧的聚会。显然，这是为了对我的工作表示敬意。这次 PEST 的重点是发现 bug。他们总共设置了 4 个故障设备：带有 PEST 网站的电脑（仍在开发中）；自动售货机（已发布产品）；儿童视频游戏（已发布产品）；一台运行有意植入 bug 的应用程序的机器。大家都到齐（总共约 40 人）后，每人从 10 种不同的啤酒垫中分到一种。拥有相同啤酒垫的人自动组成一队，进行探索式测试。

我帮助我们团队测试其中一个故障设备，每次发现的错误得到验证后，我都会摇响老式酒店那种摇铃。其他团队也是这样操作的。不同团队以产品轮换的方式对每个产品进行轮流测试，每次的测试时间相同。在聚会快要结束时，发现 bug 最多的、bug 最严重的和测试用例最好的团队会获得奖励。

那天晚上唯一的遗憾是，我当晚被指定为主持人的助手，但由于我玩得太开心，以至于没把过程记录下来，也没有记录最终的比赛结果。（看到这里的读者，如果你参加了那晚的聚会，能给我们说下结果吗？）虽然如此，但我还是清楚地记得那天晚上 Labscape 公司的格林（Steve Green）的一句话："实际上，和其他人一起测试非常奇怪。"

史蒂夫在探索式测试方面造诣很深，我认为不需要面试就可以聘请他加入微软。大家是否喜欢那天晚上的组队测试？如果你是测试部队中的孤独的绝地武士，请你也加入单独测试对战结队测试（或是团队）的讨论中！

PEST 是个很不错的主意，不过我很高兴那晚到最后我还能搭车回家。

2.测试人员绩效度量 [①]

是的，我知道绩效一个令人生畏的话题，但现在正好是微软帝国业绩评估期。这个话题对测试人员及其上级来说一直都很重

---

① 这篇文章阅读量和评论数最多。它引起了公司内外许多测试人员的共鸣。大多数评论都是积极的，也有许多测试人员讨厌"以任何方式被度量"的想法。但这就是绩效评估！抱歉，对人进行度量是商业世界中的一种生活方式，我们不应该讨论如何以有意义的方式进行度量吗？从本质上说，发现 bug 的能力其实没有什么意义，除非我们用这个能力来减少我们编写代码的错误。这篇文章的真正意义不是用 bug 数量进行度量，而是发现 bug 后对软件质量提升的改进。

要，所以我经常被问到如何评估测试人员？尽管每次心里都忐忑不安，但我还是会给出同样的建议。现在，我对自己给的建议越来越坦然，毕竟我的东家很不错。

在我给出建议之前，让我告诉你为什么我会越来越坦然。我这会儿刚好在拉鲁斯（James Larus）[①] 的ISSTA（国际软件测试与分析研讨会）演讲幻灯片上看到的一句话。这句话恰到好处地总结了我给测试经理评价SDET（负责测试基础设施软件设计的工程师）的建议。这句话来自霍尔（Tony Hoare），他是我心目中的职场英雄，也是我的导师米尔斯（Harlan Mills）的朋友（也是爵士、图灵奖得主和京都奖得主）。如果托尼的意见跟我相反，那么我将向我曾经向他们给出建议的测试经理道歉。你看，每当我们意见不一致时，认错的总是我。

我的建议是这样的：度量测试人员时，不要使用bug数量、严重程度、测试用例、自动化的代码行数、回归套件的数量或者任何具体的东西。这些指标并不会给你正确的答案，除非机缘巧合。扔掉漏洞发现排行榜（或者至少不要用它们来分配奖励），不要让团队中的其他测试人员互相打分，因为他们也是这场游戏的参与者。

相反，应该度量测试人员对团队开发人员的帮助有多大。这才是测试人员的本分，我们不能确保更好的软件，但可以使开发人员以更好的方式构建软件。如果只是发现错误，然后修复，只能是权宜之计。真正度量优秀测试人员的标准是：发现bug并彻底分析bug，然后与开发人员或团队沟通bug，最终让开发人员或团队了解其知识和技能的不足，从而促进开发人员或团队自主

① 译注：计算机科学家，专门研究编程语言、编译器和计算机体系机构，先后供职于微软研究院和洛桑联邦理工学院等。

提升能力，在很大程度上减少错误的数量。并且，相比只是简单修复 bug，这种方式更能提高软件的质量。

这是重点。软件开发人员构建软件，而我们只是发现错误并协助删除它们，并不会创造真正持久的价值。如果足够认真地对待自己的工作，我们将确保自己的工作方式能够创造真正且持久的改进。让开发人员变得更好，帮助他们了解故障及其种种根因，意味着未来软件中的错误会更少。让测试人员成为质量保证大师，意味着教那些不负责质量的人不该做什么以及他们还有哪些地方有待改进。

霍尔（Tony Hoare）的原话如下：

> “测试的真正价值并不在于检出代码中的错误，而在于检出设计和生成代码的人员在方法、注意力和技能方面的不足。”

3.预防与治疗

> 短短两天，我就写了 5 篇博客文章，当时的我和斯图尔特·诺克斯（Stewart Noakes）一起，在英国埃克塞特的 TCL 办公室里。由于签证问题，我无法乘坐预定的航班前往印度，只好被困在阳光明媚的埃克塞特。我与斯图尔特一起出去玩，喝了很多麦芽酒，一直在谈测试。读者对“预防与治疗”系列文章的喜爱程度不亚于“未来系列”，说这个系列诙谐幽默。我得把这归功于斯图尔特和美味的英式啤酒。

（1）开发人员的测试与测试人员的测试

我把开发人员进行的测试称之为“预防”，因为开发人员自己发现的错误越多，测试人员测试中发现的问题就会越少。与开发人员的测试相比，测试人员进行的测试我称之为“检测”。检测很像是治疗，一旦病人（指的是应用程序）已经生病了，我们就需要在病人把喷嚏弄到用户身上之前就进行诊断和治疗。如果应用程序的鼻涕流到用户身上，那么用户肯定会抓狂。我们应该尽量避免这种情况。

开发人员的测试包括代码设计规范、代码审查、运行静态分析工具、编写单元测试（运行也是一个不错的主意）、编译等。显然，开发人员的测试优于检测，原因如下。

- 一分预防抵得上十分治疗。每个被排除在软件生态系统之外的 bug，都会降低测试成本，因为让那些（此处省略三字）测试人员干活需要（此处省略三字）很多钱。（编辑致作者：这会让读者觉得你玩世不恭，建议低调一点。作者致编辑：我是一名测试人员，我只能在有限的时间内克制自己的情绪，现在期限已满。）
- 开发人员更接近 bug，因此可以在生命周期的早期找到它。bug 存活的时间越少，删除的成本就越低。测试人员介入测试的时间晚于开发人员的话，清除软件 bug 的代价就变高了。
- 测试人员的测试主要包括自动化测试和手工测试。我将对两者进行比较。现在，我只想谈谈预防和治疗。我们是应该更好地防患于未然，还是应该专注于疾病的控制与治疗？

答案很明显：解雇测试人员。在疾病肆虐、治疗成本高昂的情况下，亡羊补牢，为时已晚。我们当初为啥要聘请这些人呢？

（2）防不胜防，根因何在

我收到来自英特尔某位测试经理的评论：“一个团队几乎完全专注于自动化，并吹了吹我们的 1 500 个自动化测试用例之后，我们的应用程序一亮相就崩了。如果想要发现客户会看到的那些错误，手工测试必不可少。”我喜欢这个家伙。

好的，我们重新雇测试人员吧！

也许你已经注意到了，之前提到的整个预防措施并不是很有效。软件故障泛滥成灾。在我谈论应该在何处投入资源以扭转这一趋势之前，我想谈谈如何从根本上预防失败。

失败的原因有很多，其中最重要的是，很少见到写得好的需求和规范，即使写出来了，往往也失去了时效性。因为流程已经流转到编写和调试代码。我们当时正在 Visual Studio Team System 中解决这个问题，但先不要高兴太早。摆在我们面前的问题是，为什么预防没有达到它应有的效果？我对此有自己的看法，具体如下所示。

- 开发人员做测试工作是最糟糕的。开发人员可以在自己的代码中发现错误？这样的想法是值得怀疑的。如果他们善于发现错误，那么他们一开始就不会编写错误。这就是大多数重视软件质量的组织会雇另一组人来做测试的原因。没有一个全新的视角最容易检测出缺陷。测试人员的心态是“我该如何攻破它”，而开发人员的心态是“我该如何构建它”，两者都是不可替代的。
- 软件未运行的问题。代码审查或静态分析这类技术，必须在软件没有运行的状态下使用，它们都不需要软件运行就可以进行代码分析。一般来说，这些技术是基于源代码、字节码或已编译二进制文件内容进行分析。但不幸的是，许多 bug 出现在软件真实环境中运行、操作时。除非为软件提供真实的运行环境和真实数据，否则许多 bug 会一直处于隐藏状态。
- 缺乏数据的问题。软件需要外部的输入和内部的数据来为代码运行路径提供支撑。实际执行的代码路径取决于应用的输入、软件的内部状态（数据结构和变量的值）以及外部影响（如数据库和数据文件）。随着时间的推移，数据的积累往往会导致软件崩溃。像这样简单的事实就已经限制了开发人员测试的范围，并且开发人员测试的持续时间往往很短，短到以至于无法捕获这些数据累积所引起的错误。也许有一天会出现一种工具或技术，让开发人员编写出没有错误的代码。当然，对缓冲区溢出这类错误，开发人员的技术已经可以让它灭绝了。这种趋势如果持续下去，就不会再需要大量的测试。但我认为，离实现这个梦想还有很长的路要走，也许是几十年。在那之前，我们需要第二双眼睛，使用与真实用户一样丰富的数据，在类似于用户实际使用的环境中运行软件。

谁来提供第二双眼睛？软件测试人员提供了这个服务。测试人员使用各种技术来检测错误，然后巧妙地报告错误，以便修复错误。在有限的测试周期里，软件使用真实的数据，运行在不同的环境里，用尽可能多的输入变化来执行软件，这是一个动态的过程。

（3）自动化测试的优缺点

后来，我又收到了来自微软测试人员的很多邮件， 他们公开表达了对手工测试的同情。在微软，自动化优于手工测试，就像开发优于测试一样。在这个领域里，我们不由自主地更钦佩开发人员。但依靠手工测试完成的测试任务数量惊人（对我来说）。人们不谈手工测试，因为它无助于测试人员的绩效，但人们还这样做是因为它有助于提高软件质量。

现在，测试人员再次被高薪聘用，我们该怎么做？我们是引导他们编写测试自动化还是要求他们进行手工测试？

首先，让我们讨论一下测试自动化的优缺点、自动化测试既有令人称道的地方，也有为人诟病的不足。

自动化测试是通过编码进行测试，而编写测试意味着测试人员还必须是开发人员。开发人员真的能够成为优秀的测试人员吗？有些人可以，有些人不能，测试自动化代码中经常还有错误，这意味着他们将花大量的时间进行代码的编写、调试及重写。自动化测试花了大量时间编写自动化代码，还能有多少时间来思考如何测试软件？如此一来，才会出现对手工测试的偏重。

测试自动化的优点源于自动化。编写好的测试程序，可以无限次执行，它可以帮我们自动找到软件的缺陷。如果程序代码发生变动或需要回归测试，我们就可以重新执行它来完成相关验证。太棒了！如果从测试数量来衡量，自动化测试肯定每次都能胜出；但从测试质量来衡量的话，就完全是另外一个结果了。

更糟糕的是，自动化测试已经开展了许多年，甚至几十年，但我们发布给用户使用的软件还是很容易出错或崩溃，为什么会这样？自动化测试和许多开发人员测试遇到的问题相同：应用程序运行的环境都是实验室环境，而不是真实的用户环境。并且自动化测试程序本身不是非常可靠（毕竟也是软件），我们很少冒险让自动化测试在真实的客户数据环境下进行。试想哪个头脑清楚的客户会让自己数据库的记录自动添加、删除呢？测试自动化还有一个一直无法解决的致命弱点：预言家问题。

预言家问题是测试中最大的挑战之一：如何判断软件对当前运行的测试用例做出了正确的响应？它是否产生了正确的输出？它是否有额外不该有的副作用？我们如何确认副作用？能否有一个预言家可以告诉我们：只要给定用户环境、数据配置、输入序列，软件就会按照当初的设计模式来准确运行。现实情况是我们没有这种完善（或不存在）的规范，所以对现代软件测试人员来说，这样的预言家并不存在。

如果没有预言家，测试自动化就只能发现最严重的失败：崩溃、挂起（可能）和异常。事实上，自动化本身就是软件，这往往意味着崩溃可能是自动化软件本身，而不是待测软件！自动化测试软件和待测软件一起运行又构成一个软件环境，这个新的软件环境也可能留下漏洞，使得一些微妙的、复杂的错误被忽略掉。

那么，测试人员该怎么做呢？如果测试人员不能依赖开发人员的错误预防或自动化，又应该把希望寄托在哪里？唯一的答案可能是手工测试。

（4）手工测试

手工测试是测试人员运用脑心手来创建可能导致软件失败或完成其任务的场景。手工测试通常在自动化测试、其他类型的开发人员自测等已经完成并且修复问题后进行。从这个意义上说，执行手工测试人员处于一个不公平的竞争环境中。简单的 bug 没有了，也就是说池塘里的鱼已经有人钓过了。

即使这样，手工测试还是会发现错误，更糟糕的是，用户（根据定义执行手工测试的用户）也会发现错误。显然，手工测试有一些不可忽视的力量。我们有义务更详细地研究……因为这里有金手指。

手工测试成功的原因是，它提供了一个创建真实用户场景的最佳机会，在真实用户环境中使用真实用户数据，能识别出明显的错误和不易察觉的错误。人的智慧在测试流程中体现出强大的力量。

也许有一天，面向开发人员的技术有望发展到不需要测试人员的地步。的确，对于软件生产者和软件使用者来说，这是一个最理想的情况。但在可预见的未来，基于测试的检测是我们找到重大 bug 的最佳方式。变化、场景以及可能的故障太多，是使用自动化测试无法发现的，需要手工测试的参与。这种情况在这个十年、下一个十年，也许再往后的几个十年会一直延续。

手工测试主要有两种类型。

第一种是基于脚本的手工测试。

许多手工测试人员由预先编写的脚本来指导，这些脚本指导输入选择并指示如何检查软件结果的正确性。有时脚本是特定的：输入这个值，按下这个按钮，检查结果，等等。这样的脚本通常记录在 Microsoft Excel 表中且需要维护，通过新的开发或 bug 修复之后有功能更新。这些脚本的第二个作用是记录执行测试的过程。

通常情况下，脚本化的手工测试对某些应用程序或测试过程来说过于僵化，测试人员可以采用不那么正式的方法。脚本预先编写方案，而不是记录每个输入，以便在测试人员运行测试时为他们提供一定的灵活性。在微软，Xbox 游戏的手工测试人员经常这样做，输入的内容采用“镜子互动”（输入信息根据软件的响应而确定）方式，而不指定他们必须执行某些交互类型。

第二种是探索式测试。

脚本完全删除后的测试过程称为探索式测试。测试人员可以按照他们想要的任何方式与应用程序进行交互，并使用应用程序提供的信息来做出反应、改变方向并且通常可以不受限制地探索应用程序的功能。对某些人来说，这似乎是随机的，但在熟练且经验丰富的探索式测试人员手中，这种技术就会变得很强大。探索式测试的倡导者认为，探索式测试全力查找错误和验证功能，不受先入为主的限制。

使用探索式测试的时候，同样有过程文档。测试结果、测试用例和测试文档都是在执行测试时生成，而不是在执行之前生成。屏幕捕获和键盘记录工具是实现此目的的理想选择。

探索式测试特别适合使用敏捷方法开发的应用程序。采用敏捷方法开发的应用程序开发周期很短，几乎没有时间进行正式的脚本编写和维护。此外，功能迭代迅速，测试过程中最小化依赖（如测试用例）是最理想的。探索式测试已经得到广泛的支持。

在微软，我们定义了后文要提到的几种探索式测试。

（5）探索式测试的四大类型

探索式测试在微软是如何实践的？

在微软，我们定义了 4 种类型的探索式测试。这种分类只是为了方便，但强调了探索式测试人员不只是测试；他们计划、分析、思考并使用手头掌握的任何文档和信息，使其测试尽可能有效。

首先是自由探索式测试。

自由探索式测试不限制输入内容和输入顺序，对应用程序的功能进行临时探索，而不考虑哪些功能已被涵盖和尚未涵盖。自由测试不使用任何规则或模式，只管放手去做。不幸的是，许多人认为所有的探索式测试都是自由的，这就远远低估了探索式测试的作用。我们将看到其他类型的探索式测试。

人们可能会选择自由探索测试作为快速冒烟测试，自由探索测试可以快速轻松找到任何重大崩溃或错误，或者在转向更复杂的技术之前熟悉应用程序。显然，自由探索式测试不需要太多准备工作。实际上，这种方法更像是“探索”而不是“测试”，因此需要调整相应的测试期望值。

做自由探索式测试不需要太多经验或信息。但如果结合以下探索式技术，它可以成为一个非常强大的工具。

其次是基于场景的探索式测试。

和传统基于场景的测试一样，从用户故事或最终用户端到端场景文档说明开始。这些场景可以来自用户行为研究、应用程序、历史版本的数据分析等，并作为测试执行的脚本。探索式测试是对传统场景测试的补充，通过对用户场景的观察和分析并在场景中加入输入、改变用户执行路径等变化，以此来扩大脚本的应用范围。

场景如同探索通用行动指南，在做基于场景的探索式测试时，测试人员通常会修改输入，将其替换为自己认为更有价值的信息，或探索脚本中没有包含的一些潜在会引起意外的工作路径。然而，目标都是完成设定的场景，虽然这些测试路径总是迂回，但最终都会回到脚本中记录的主用户路径。

接下来是基于策略的探索式测试。

如果将自由式探索与资深测试人员的经验、方法、技能和第六感结合，就是基于策略的探索式测试，但它不完全等同于自由式探索，是在经验和技能的指导下完成的，更适合经验丰富的测试人员。基于策略的探索式测试通过结合已知的测试策略（如边界值分析或组合测试）和测试经验（如异常处理程序往往有缺陷的事实）来指导测试人员完成探索式测试。

已有的测试策略是基于策略的探索式测试取得成功的关键。测试知识和经验越丰富，测试效率就越高、效果越好。策略的依据是 bug 隐藏位置、如何组合输入和数据以及哪些代码路径会出现故障等相关知识和经验积累。基于策略的探索式测试结合的是资深测试人员的经验和探索式测试人员的“天赋”。

最后是基于反馈的探索式测试。

这类测试一开始是自由式测试，当建立了测试历史，测试人员就会使用反馈来指导之后的探索测试。“覆盖率”是一个典型的例子。测试人员咨询覆盖率度量（代码覆盖率、UI 覆盖率、特性覆盖率、输入覆盖率，或它们的一些组合），并选择新的测试来改进覆盖率。覆盖率只是获得反馈信息的指标之一，我们还会关注代码变动和 bug 密度等。

“测试历史”：当下我上一次访问应用程序输入的信息，在下一次测试的时候，我会选择不同的输入信息。或是上一次 UI 控件我选择了属性 A，那下一次，对这个控件我会选择属性 B。

工具对于基于反馈的探索式测试是非常有价值的，可以实时存储、检索和操作测试的历史记录。

4.用户和客户“哥哥”

虽然科普兰（Lee Copeland）讨厌这篇文章，这并不影响我对他的喜爱。对于“客户”这个词我又多了一层有趣的理解。用王牌接线员拉里（Larry The Cable Guy）的话来说：“这很有趣，但我不在乎你是谁。”有人知道是谁最先发现软件行业和非法毒品交易都把自己的客户称为用户（Users）的吗？据我所知是马里克（Brian Marick），至少他目前还没有宣布是他最早发现的。这里，我先偷偷拿来用一用。

不管怎样，这是一个有趣的发现。对于那些一直给我们发薪水和支付房贷的人，我们可以用很多好听的词来形容。我最喜欢的是客户（Client），因为它给人一种专业而神秘的感觉。也许我们真的可以让用户沉迷于我们的软件，以至于忽略它的缺陷，只想着再来一针（哦，版本，不要忘记修复紧急漏洞）。

我想我们应该为止步于“用户”这个称呼而感到高兴。就我而言，如果我们开始叫他们“客户哥哥”，我会退出这个行业，因为这是我的底线。

5.手工测试人员的赞歌

我在微软大厅大声吐槽 Vista 的失败，因为它的测试过度依赖于自动化。优秀手工测试人员产生的作用是持久的。手工测试人员提供了自动化所不能比拟的复杂灵活的人机交互。人类虽然不能更快地进行测试，但他们可以更聪明地进行测试。如果你读完整本书都还没有理解我对手工测试的热情，说明你还没有真正读懂我这本书。

听过我演讲的人都知道我喜欢展示 bug，因为我们可以从错误中学到很多东西，而研究过去的 bug 是学习预防和检测新 bug 最有效的方法之一，多年来我一直在强调这一点。我想讨论一下我们是用哪些方法来处理 bug 的。最后我想说一个很多人并不赞同的观点：手动检测胜过自动化。但这里不要过早下结论，因为这还需要有很多前提。

bug 是人类努力必然的副产品。我们都会犯错，软件也不是人类制造的唯一不完美的作品，所以在很多方面我们都受到 bug 的困扰，但这并不意味着预防技术不重要。我们可以而且应该尽最大努力不将杂质引入软件生态系统。如果做不到这一点，我们就需要下一道防线：检测和转移。显然，检测不如预防，但如果预防也做不到，我们就应该尽可能多、尽可能快地检测出漏洞。

漏洞第一次被发现的机会属于开发人员，因为在被创造的那一刻就在。通常，开发人员的预防措施是首先手动检查编写的代码，然后进行自动静态分析。毫无疑问，开发人员在编写、评审和改进代码的过程中会发现和消除许多 bug。在编译和调试过程中可能发现另一轮错误。

在开发过程中发现和修复 bug 的数量、类型和相对重要性虽然未知，但在我看来，这些是 bug 最容易搞定的，基本都是出现在独立的静态代码层面的漏洞。那些需要系统上下文、环境上下文、使用历史等等真正复杂的 bug 大多不会被发现。简单地说，即便是开发人员，也很难在软件运行前发现这类情况复杂的漏洞。

很多 bug 就这样逃离了的第一道防线，接下来是第二轮 bug 查找。第二轮 bug 查找仍然由开发人员主导（测试人员参与）：单元测试和构建验证 / 冒烟测试。这里的关键区别在于，软件正在执行。软件的运行与上下文密切相关，由此为一种全新的 bug 敞开了大门。

在执行、观察和研究多年的单元测试之后，我不得不说，这种方法并没有给我留下深刻的印象。真的有人擅长单元测试吗？从本质上来说，最擅长单元测试的人应该是开发人员，但开发人员对此并不热衷，而测试人员通常认为这并不是自己的工作。责任不明确，导致这种测试就变成任何想到的内容输入系统中如果可以完成端到端的运行，那么这个测试就算通过。同样，由于缺乏认真的研究，我们也不知道在第二轮查找中发现漏洞的相对重要性，但鉴于很多漏洞进入下一阶段的事实，单元测试并没有发挥其应有的作用。我个人的观点是，实际花在单元测试上的时间很少，同时又缺乏完整的软件状态且没有真实用户运行场景，所以我们对这一轮测试的效果不会有太高期望。

测试人员的检测是第三轮查找。在微软和之前我提供过咨询的几十家公司，测试自动化占据主导地位。这令我不禁想到，如果几年前微软的某个天才创造了一个自动化平台，用它发现了一大堆 bug，软件质量因此获得巨大的提升，是不是就有传说中的自动化改善职业生涯，这样的话就真的太糟糕了。尽管我对公司里许多优秀的自动化测试人员心存敬意，但我们必须面对的事实是，我们在自动化测试方面表现出色，但 bug……我是说，重要的、客户发现的 bug……正在悄悄溜走。在我看来，自动化测试无法或不会发现这类的 bug。

自动化测试受到我前面提到的许多上下文问题（环境、状态构建等）的困扰，但它真正的问题是应用程序的大多数错误无法被捕获，除非发生崩溃、抛出异常或触发断言，否则自动化测试注意不到这些错误。自动化固然重要，它会发现许多应该发现的 bug，但我们必须意识到，如果注意不到它们出现的任何失败，那么一天一万个测试用例并不像听起来那么美好。

在错误出现在客户桌面之前，捕获它们的唯一方法是创建一个看接近于客户环境的测试环境，然后运行软件、建立数据和状态，并在软件实际出现故障时注意到它。自动化测试可以在这方面发挥一部分作用，但在 2008 年，手工测试才是我们最好的武器。坦白地说， 我并不认为测试方式会在短期内从手工测试转到其他方式。如果我是对的，手工测试就是我们找到应用程序中重大 bug 的最佳方式，我们应该花更多的时间思考它并加以完善。

对手工测试的前景如何，你有什么看法呢？

欧洲，你好！

经常有人指责我亲欧，我不得不承认这是事实。我欣赏欧洲的文化和历史，总的来说，我觉得欧洲人很可爱。即使他们的看法跟我不一样，经常有人说，我的演讲风格对保守的欧洲人来说有点太前卫。这一说法我是赞同的，除非他们一直请我回来。从测试的角度来看，我不得不说，欧洲对测试人员的尊敬程度高于美国和亚洲。

上周，我参加了 Transition Consulting（TCL）主办的活动，活动现场，我非常荣幸地与一群来自英国的测试人员进行了交谈。

我的一些美国读者可能不喜欢我这个评价，欧洲的测试人员往往更加了解，并且更多地参与测试学科。这里，似乎每个人都熟悉我和贝泽（Boris Beizer）、卡纳（Cem Kaner）、巴赫（James Bach）等人的文章。他们对 20 世纪 90 年代初卡纳（提出探索式测试）和贝泽（最早提出基于的风险测试）学派思想发展史的讨论，以及行业、测试学术会议、出版物等各方面的了解程度让我感到惊讶。他们对测试领域的历史和发展投入极大的热情，远远领先于我在美国看到的，这些人真的很会读书。

认证的倡导者可能会指出，在欧洲，持证测试人员似乎更受欢迎。难道是认证激发了对测试的热情？测试培训在欧洲似乎普遍更受欢迎。

我认为这可能与美国人对测试自动化的偏爱有关，尤其是在微软，我们的测试社区大多从面向开发人员的角度来进行测试。他们可能不太愿意于将自己视为测试人员，也不太关心测试的文化和历史。真是令人惭愧。当然，虽然在微软也有很多反例，但大多数是上述的情况。

既然我提到了认证，就很想写一篇文章来说说认证。我敢肯定，这些内容会引起一些争议的。

6.测试如诗

我最喜欢的运动是足球，但在我的孩子们没踢足球之前，我一直不喜欢这项运动。后来受他们影响，我现在已经上瘾了。欧冠比赛在西雅图午餐时间进行，也许是受欧洲启发，所以每场比赛都能在当地酒吧里找到我和我的外国朋友。

也许你们还猜不到，我现在正在英国做访谈，当然是在酒吧里。可能你们也猜到了。我刚遇到六七个本地测试人员，他们说服我（通过提供免费啤酒）让我给他们签名。对于签名，我向来是不拒绝的，免费啤酒也是来者不拒，尤其是在当前的汇率下。

临别时，他们督促我把我们的谈话内容写成一篇博文。对，就是这篇文章。我希望这篇文章不会让我第二天早上醒来时觉得尴尬。

其中一位索要签名的人是开发人员。当我问他为什么买我的书时，他回答说想让自己编写的代码能够避开我在书中提到的缺陷，让测试人员即使用到我在书中介绍的“技巧”，也无法在他的代码中发现问题。

我笑着告诉他，如果这是一场足球赛的话，我会脱下衬衫庆祝我的进球。他奇怪地看着我。我想测试人员明白这个梗。我打赌你也一样。

他继续描述为什么开发代码实现业务比测试代码提高质量更好。他谈到如何面对编译器的挑战以及如何巧妙避开 IDE 和操作系统的障碍来完成任务。这对他来说是一场战斗，一次征服。他是一名骑士，为用户和代码而战。

这是一个很好的故事，我没有得到许可，所以我不会透露他的身份，但他的激情令人敬佩，世界因为他在从事软件开发变得更美好。

如果说开发人员是战士，那么我认为测试人员就是吟游诗人。对我们来说测试如诗。当我测试软件时，看到输入与数据混合在一起，有些数据存储在内部；有些是临时数据，用后就销毁。当输入的数据在应用程序中移动并找到数据结构或参与到某些计算时，我仿佛是在聆听袅袅乐声。它帮助我以这种方式思考输入；帮助理解我提供的输入可以使应用程序做什么，这反过来又可以帮助我思考破解方法。每个潜在的糟糕音符都可能代表开发人员编写的问题代码。想象一下应用正在处理输入， 聆听它吟诵的诗歌，它会告诉你什么时候会失败。

我发现这种方式对 Web 应用测试尤为有效。我在脑海中构建了引起应用程序执行 SQL 查询的输入。输入信息由前端页面发送到服务器，服务器接收到请求并返回响应信息，客户端浏览器下载数据、解析 HTML 完成整个流程。在这个流程中应用程序做了哪些事情？数据的去向和目的是什么？这些都是深层次的问题，值得所有测试者认真思考。而且这样做才会发现 bug。越能详细描绘应用程序内部正在进行的流程，就越能更好地理解开发人员是如何犯错误的。

抓到错误是最重要的。那一刻软件除了显示故障其他什么都做不了。这是让人兴奋的，相当于进了制胜一球。但是，请保持冷静。这在足球比赛中是一种谨慎的进攻，我们肯定不希望开发者向我们亮黄牌。

7.回归测试行业

正如我前面所说，我在微软的职业生涯是从安全领域开始的。当我在 1999 年为软件安全“放弃”测试时，受到了读者的抨击。但这可由不得我。在千年虫事件之后，我正在寻找下一个大漏洞，这时拉德（David Ladd，博客 http://blogs.msdn.com/sdl）把我引入安全领域。我在安全方面的知识非常少，这是一个名副其实的智力游乐场，我发现我的测试技能非常有用。无论谁发现的安全漏洞，都可能造成严重影响。在这段时间，我写了《如何攻破软件》系列的第二本书和第三本书，发明了一种寻找病毒的新方法，并从美国一个专注于安全问题的政府部门得到大笔资金赞助。但安全问题看起来像……

自从我开通博客以来，相比我在博客上得到的评论，邮件收到的评论更多。

这让我想起我还在大学里讲课的时候，每节课结束的时候都会问：“同学们，还有问题吗？”讲台下几乎总是一片沉默。下课后，却都在排队提问。一对一互动中有些内容似乎让人感到很兴奋。如果认为有些问题对大家都有帮助，我就会试图记住它们，以便在以后的课堂上进行解答。

好吧，这是博客，不是课堂，我不知道有多少问题的答案对大家有帮助；然而，我收到的最常见的问题是“是什么让您离开软件安全领域回到测试领域？”也许我的答案会引起大家的兴趣。

答案是“无知”。

早在 2000 年，我的朋友兼同事拉德（David Ladd），改变了我的兴趣，出于无知，我转向了另一个方向。无知是科学进步的核心，雷德利（Matt Ridley）解释得很好：“大多数科学家对他们发现的东西感到乏味，无知驱使着他们继续前进。”当大卫把安全测试的神奇（从这个意义上说，我从来没有真正离开过测试）告诉我时，我就被他深深吸引。安全是一个重要的领域，也是我几乎一无所知的领域。在安全领域的8年里，我获得两项专利，出版了两本书，发表了十多篇论文，还有两家创业公司，后来，我不得不承认自己觉得有些索然无味了。

在某些方面，安全变得越来越容易。许多安全问题都是我们自己造成的。例如，缓冲区溢出问题本来并不会发生，但因为我们编码有误。病毒的产生也不例外。微软和许多其他公司正在改变这种情况。更好的编译器、更安全的操作系统和托管代码的出现，虚拟化和云计算将延续这一趋势。无知正在被认知所取代，这一点在安全领域最为明显。

当我听说Visual Studio正在为测试业务寻找架构师时，我感受到我的血液在沸腾，我的求知欲被唤醒。

跟安全领域相比，我认为测试是非常困难的。测试领域的问题不是由人类自己造成的，它是人性本身自然存在的问题。计算机和网络结构的无限可能中，它就是自然存在的部分。在一次私下交流中，有人问我，离开测试领域8年，测试领域是否发生了什么变化？我的回答是“没有”以及“我也没想到”。然而短短8年时间，安全领域已经发生了根本性的变化，如果我离开安全领域再回来，我的技能可能会受到怀疑。但测试领域却相反，我发现自己还在处理与8年前那些几乎相同的测试问题。

这不是对任何测试研究人员、从业者或测试相关人员的控诉，而是对测试领域问题复杂性的认可。对很多领域的无知，驱使着所有人忙于寻找正确的知识来消除这种无知，虽然有时候这种寻找表面上看毫无进展，但也不能成为我们继续寻找的障碍， 我们要为这个时代最令人喜爱的科学研究尽一份力。

最后感谢大家的提问。

8.如果微软真的如此擅长测试，为什么软件还是那么糟糕呢？[①]

在我写这篇文章之前，并不知道博客可以产生多少流量。这是我第一篇登上 MSDN 主页的博客文章，并且访问量很大。我的收件箱也收到非常多评论，大多数评论是积极的。我认为， 这篇文章引起了某些高管的关注。说真的，微软已经无法开发出让我们引以为傲的软件了……地球上其他所有软件公司也如此。软件很难编写，更难测试，接近完美更是难上加难。我们迫切需要讨论这里面存在的困难，并且需要坦然面对结果，以便改进现状。这篇文章中最令人欣慰的是我从竞争对手那里收到的邮件。他们赞扬了我的诚实，并承认了自己的不足和困境。这些问题是软件行业的通病。

这是一个多么好的问题啊！我希望我能以平常心表达这个问题。可我现在的语气要么带有部分歉意（因为很多人都记得，在我成为这个问题的答主之前，我一直是这个问题的题主），要么是居高临下的语气，以至于我坏笑着幻想，题主的电脑在进行关键保存之前遇到了蓝屏。好吧，所以我今天多喝了一杯“酷爱”[②]。而且还是柠檬味（柠檬在俚语中，表达一种不得不接受糟糕事务

① 2008 年 8 月，我还在英国，在我回华盛顿之前最后写了一篇文章。英国啤酒对我的写作有何影响，无论你得出怎样的结论，都必须在看完这篇文章之后打住。

② 译注：即 Kool-Aid，是帕金斯（Edwin Perkins）发明的，其前身是一种水果汁浓缩液，称为 Fruit Smack。1927 年，帕金斯发明了去除其液体的方法，只保留粉末，即 Kool-Aid。1931 年，帕金斯将它卖给通用食品公司，以粉末形式出售，或小杯或包。加入糖和水，然后加入冰块或冷藏冷冻保存。

的无可奈何的心情，此处为双关语，我喜欢柠檬味）。在微软工作的 27 个月，让我对这个问题有了一些心得。虽然我承认，前几条心得完全是为这个问题进行辩解。但这些都是我的亲身经历。最后一点是问题的核心：尽管有天赋，但微软的测试人员确实还有一段路要走。

我不会简单粗暴地如此回答：测试不应该对质量问题承担责任， 质量问题应该是开发人员、设计人员或架构师的责任。我讨厌“你不能测试质量”这种说法，这是推卸责任，作为测试人员，我直接把质量作为自己的责任。

第一，微软开发的应用程序是世界上最复杂的应用程序。没有人会说 Windows、SQL Server、Exchange 等并不复杂，它们应用很广，意味着我们最大的竞争对手往往是我们自己。我们最终做的是所谓的“棕色领域”（迭代）开发与“绿色领域（不受旧版本限制）”或版本 1 的开发，因为我们是在现有功能的基础上构建。这意味着测试人员必须处理现有的特性、格式和协议以及所有的新功能和集成场景，因而使得构建一个完整的实际可行的测试计划变得非常困难。测试真正的端到端场景必须还要包括集成和兼容性测试。作为测试人员，我们都知道是什么让这个领域变成了棕色！我们必须处处小心。处理昨天的 bug 可能会让我们无法专注于发现今天的 bug。

说句题外话，你是否听过 CS 神创论的老笑话：“为什么上帝只用 7 天就创造了宇宙？”答案是：“没有安装基础。”没有什么可搞砸的，没有现有用户，也没有什么需要小心翼翼规避先前的功能和糟糕的设计决策。上帝很幸运，而我们……就没那么幸运了。

第二，我们的用户与测试人员比例非常糟糕，这让我们在数量上处于劣势。在 Microsoft Word 发布后的第一个小时，需要多少测试人员才能运行和用户相同数量的测试用例？答案是，我们不可能有那么多测试人员。在发行后的第一个小时内（包括一天、一周、两周、一个月或任何你想要的时间跨度）都有足够多的用户去确保每个功能能够以各种方式使用。这给我们的测试人员带来了很大的压力。知道自己在测试重要的软件是一回事。知道因自己遗漏的缺陷在发布后不久会被无情曝光却是另外一回事。测试软件很难，只有勇敢者才会迎难而上。

第三，与此相关的是，我们的用户基础让我们成了目标。我们的 bug 影响了很多人，所以它们有新闻价值。有很多人在等着我们失败。如果大卫·贝克汉姆穿着条纹格纹衣服去取晨报，虽然会引起是可耻的；如果我像超人那样把内衣外穿在牛仔裤上一个星期，几乎没有人会注意到。不过，我得为他们辩解一下，我的时尚品味太愚钝了，他们忽略了我的时尚品味，这是可以原谅的。贝克汉姆是一名成功人士，但在谈到“好的坏的”时，我敢打赌他更喜欢好的。大卫，你是个好伙伴。

但这些都不重要。即使我们没有庞大的用户群体和较高的市场占有率，也要时刻准备着改进。我认为，测试人员应该加强工作，更好地进行质量测试。

第四，我们的测试人员在应用程序设计中没有发挥应有的作用。有这样一个问题，在微软工作的人，几乎都是聪明绝顶的。其中一些技术人员和杰出的工程师，他们用聪明的大脑构思出非常伟大的梦想。然后，他们带着自己伟大的梦想，说服总经理和副总裁（除了聪明，他们还善于表达和充满热情），支持他们实现梦想。然后另一群被称为项目经理的聪明人开始设计这些东西，开发人员开始开发这些东西，经过这些天才的努力，让这个东西运行起来，然后有人问如何测试？很明显，现在才来问这个问题，是不是有点晚了？

我们会受到胸怀远大梦想的聪明人的激励，也会被胸怀远大但不懂测试的聪明人吓坏。我们需要让更多的人知道这一点。微软还有另一群聪明绝顶的人，就是我们，在这个过程中，我们虽然介入得有些晚，但依然有话要说，有贡献可以做，更不用说之后还要拯救有缺陷的软件呢。对于测试参与设计和开发过程，向公司的其他人员普及什么是质量以及如何达到高质量，这部分工作我们做得还不够好。

我们可以测试质量，我们需要尽早开始测试。这意味着从技术人员到开发工程师整个流程的每个人都需要将测试作为其工作的一部分。我们必须告诉他们如何做到这一点。我们必须告诉这些聪明的人，让他们知道什么是质量，并把我们所知道的关于测试的知识应用在软件程序上，应用到设计、用户故事、规范和我们生成的其他所有工件上。我们对质量的了解同样也适用于软件开发的早期阶段。我们要带头使用测试手段，使其尽早投入到我们的软件开发流程中。

我认为，那些提出“优秀的测试人员 / 糟糕的软件”这个问题的人，如果了解我们现在的做法，就会感到非常惊讶。

9.测试的未来

微软在园区建了一个非常酷的未来之家，展示技术和软件如何改变家庭生活和交流的方式。就像迪士尼世界的“进步的旋转木马”，只不过更加现代（迪士尼的展览是一个古老的展览，展示了 20 世纪 60 年代所描绘的未来图景）。有一天我偶然发现，微软也制作了一系列描绘未来的零售、医疗保健、工业、制造业及其他各行各业的视频，这些视频制作精美，视频中的未来令人着迷，计算机、RFID 射频识别和各种软件在未来无处不在。作为一名测试人员，这让我感到害怕，不禁想到现在的软件质量如此糟糕，何以能用来测试未来的应用程序呢？

于是，我开始探究测试的未来，我和公司里的几十位同事讨论这个问题，并开始做演讲，借此收集到数百人的意见。其成果就是发表于欧洲之星的主题演讲和博文合集“测试的未来”。在这本书中，我再次更新了观点，以帮助大家了解这个想法的逐步完善过程。

外包，是大家耳熟能详的一个术语，2008 年微软的许多测试都用这种形式完成，然而，情况并非一直如此，未来也不太可能是这样。在这里，我会讨论测试在未来以什么方式完成，以及外包如何从根本上改变软件测试的商业模式。

一开始，测试外包岗相当少。测试由内部人员执行，这些人与编写软件的人在同一个组织。开发人员和测试人员（通常是执行两项任务的同一批人）并肩工作，完成软件的编写、测试和发布。

在这个时代，供应商的角色是给内部人力资源提供自助式测试工具。之后，随着一些非工具类需求的逐渐涌现，供应商的角色很快也发生了变化。供应商不再只是向内部人力资源提供测试工具，也开始提供测试服务。许多开发商采用这种测试模式：外包。

所以前两代测试看起来是下面这样的：

时代	供应商角色
（第一代）内建	提供工具
（第二代）外包	提供测试执行（包括工具）

从前两代测试的发展模式来看，接下来会进入供应商提供测试人员的时代（众包的时代）。软件测试外包公司 Utest 的公告标志着这个时代的开启。众包模式未来的发展情况如何？我会持续关注。众包模式的表现是否超过外包模式并赢得未来的市场？显然，取决于经济和众包执行的质量，但我个人的观点认为，众包模式的胜出率更高，具体取决于测试领域的发展情况。随着时间的推移，旧的模式将为新模式让路。在几年内就会看出结果，成为达尔文自然选择论的一个实例。在同一个时间范围内，经济和执行质量共同影响下，适者生存。

第三代模式由此应运而生：

（第三代）众包	提供测试人员（包含测试服务和工具）

未来？在测试学科的 DNA 深处是否有一种积极的基因能够将众包发展得更好？我认为是可以的，只不过需要很多年的时间和几次技术飞跃。现在，我将创造一个新的术语来为这个概念命名：测试服务包。

第四代模式：

（第四代）测试服务包	提供测试服务（包含测试人员、测试服务和工具）

如果没有实现关键技术飞跃，就无法解释测试服务包。这个关键技术飞跃就是虚拟化。

（1）虚拟化

如果要实现测试服务包的测试，必须打破两个关键的技术障碍：测试组件的可重用性和用户环境的可访问性。

20 世纪 90 年代 OO（面向对象，Object Oriented）的普及，实现了软件开发工件的可重用。大部分软件都是由预有组件集成在一起构成的。遗憾的是，测试还没有这样的组件。期望编写一个测试用例并可以简单将其传递给另一个测试人员进行重用，这样的想法在实践中很少出现。因为测试用例强烈依赖于自身的测试平台：它们受限于单个的被测应用程序；它们依赖于其他测试人员没有的一些工具；它们需要特定的自动化框架、依赖库、网络配置，而这些对于想重用测试用例的用户来说，很难复制。

全面测试需要在不同的用户环境下进行，这些用户环境的绝对数量令人望而生畏。假设我编写了一个 App，后者需要在各种类型的手机上运行。从哪里得到这些手机进行测试？怎样配置这些手机才能使其与我预期客户的手机环境一致？同样的情况也适用于其他类型的应用程序。如果我编写一个 Web 应用程序，需要考虑如何配置不同的操作系统、浏览器、浏览器设置、插件、注册表配置、安全设置、特定机器的配置以及潜在冲突的应用程序类型等。

对于这两种障碍，解决方案是虚拟化，它更便宜、更快、更强大并应用于实验室管理、IT 基础设施部署等领域。

虚拟化赋能于众包者，提高了他们提供众包服务的能力。通过专门的测试组件、测试工具可以一键进入虚拟机，任何人都可以在任何地方使用它们。就像软件开发人员可以重用同事和前辈的代码一样，众包测试人员也可以重用测试组件和测试工具。正如重用增加了开发人员可靠构建应用程序的范围，重用同样可以增加测试人员可以测试应用程序的类型。有了虚拟化技术，即可实现对复杂及精密测试组件的重用。

虚拟化在用户环境创建方面为测试人员提供了同样的便利。用户只需简单一键点击，就可以将整个计算机环境推送到虚拟机中，并通过云提供给测试人员。如果可以存储所有的视频供任何人在任何地方即时观看，那么为什么不能在虚拟用户环境中做同样的事情呢？虚拟化技术已经有了（就 PC 而言）或差不多普及到移动或其他专门环境。我们只需要将它应用于测试领域中。

一旦虚拟化技术被应用于测试领域，各种可重用的自动化测试工具、用户环境将普遍存在，供测试人员随处使用。这将大大提高众包测试人员的服务能力，使他们在技术上比肩于外包测试人员，而且由于众包测试人员在数量上远远超过外包测试人员（至少在理论上），所以这种新的模式具有显著的优势。

市场也青睐于这种由虚拟技术驱动的众包模式。用户环境有了经济价值，因为众包测试者为了获得竞争优势，会渴望得到用户环境。他们会激励用户点击一键虚拟化按钮来共享他们的环境。是的，这种模式可能存在隐私安全问题，但也是可以解决的。有问题的环境甚至比那些运行良好的环境更有价值，对于那些遇到间歇性罢工的驱动程序和应用程序错误的用户来说，他们创造的虚拟测试环境更有价值……变废为宝！同样，测试人员将被鼓励共享测试资产，并使它们尽可能地可重用。在市场力量的作用下未来有望是可重用测试产品的天下，而虚拟化使得这一未来成为可能。

那么，这种虚拟化驱动的未来对独立测试者意味着什么呢？好吧，快进二三十年（或更长的时间，如果你对此表示怀疑），届时数以百万计的用户环境将被捕获、克隆、存储并对外提供使用。设想一下，在这样的环境中，有开放的库可以提供服务，测试人员可以浏览免费的或仅通过订阅获得的专有库。测试用例和测试套件享受相同的待遇，并将按其价值和适用性收取相应的费用。

也许，将来有那么一天，人类测试人员会变得非常少，只有少数商业和专业产品（或者像操作系统这样极其复杂的产品）真正需要他们。对于绝大多数的开发，可以聘请一个测试设计人员从海量可用的测试虚拟环境中挑选所需要的，然后并行执行它们：因为所有的自动化和最终用户配置都是可随时使用的，百万人/年（工时）的测试在几个小时内完成。这就是测试服务包的世界。

这是我们目前所知的测试最后的结局，但对于从事测试工作的人来说，将面临一系列全新有趣的挑战和问题。这是可能实现的未来，只要有虚拟化技术的支持。它还意味着一旦进入设计角色（在实际执行测试的情况下）或开发角色（在构建和维护可重用测试组件的情况下）时，测试人员需要付出更高层次的努力。不再有后期英雄主义，因为在这个虚拟化的未来中，测试人员是一等公民。

（2）关于测试人员与头显

未来系列的第三个主题是信息以及测试人员未来如何使用信息来改进测试。

预测 1：测试资源包

预测 2：虚拟化

预测 3：信息

你使用哪些信息来辅助测试软件？测试规范？用户手册？ 历史（或竞争）版本？源代码？网络协议分析器？进程监控器？ 这些信息有帮助吗？使用简单方便吗？

信息是一切软件测试的基础。信息可以告诉我们对软件的用途及其使用方式，我们获得的信息越多，测试质量越好。我认为，测试人员现在获取的有助于测试的信息非常少，而且缺少一个能快速获取这些信息的工具，这是不可接受的。但现在，我可以很高兴地说，这种情况正在改变，而且是迅速在变。在不久的将来，我们肯定能在正确的时间获得正确的信息。

关于测试信息的想法，我是从电子游戏中获得的。在电子游戏里，玩家需要的每条信息都可以在游戏中完美的呈现。关于比赛、球员、对手、环境的信息越多，玩家玩得越好，获得的分数就越高。在电子游戏中，所有玩家的能力、武器、健康信息这些信息都显示在 HUD（抬头信息提示）这类东西上，并点击就可以立即使用。同样，游戏里的迷你地图会标注玩家在世界中的位置，对手的有关信息也随时可以获取。我的儿子玩过游戏《精灵宝可梦》，通过查看精灵图鉴，可以了解游戏中可能遇到的各种宝可梦的信息。我也想要一个 bug 图鉴，以便可以提前获得可能遇到的 bug 的信息。

没有丰富的基础信息，导致我们大多数测试都陷入黑盒测试的困境。为什么没有迷你地图那样的工具来显示正在测试的内容与整个系统的关系及其位置？为什么不能通过光标悬停在界面控件上来获得该控件的源代码，甚至显示控件属性列表（并且显示哪些属性可以测试）信息，如果正在测试一个 API，为什么我不能看到我和其他测试人员已经测试过的参数组合列表的信息？在测试过程中，我们需要这样的信息，并且需要以一种简洁的方式获取，这样才有助于我们的测试，而不是在或在断开链接的项目和数据库中来回查找信息。

我在微软的同事穆哈斯基（Joe Allan Muharsky），把测试中迫切需要的这些信息统称为 THUD——为测试人员提供发现错误和验证功能所需要的信息，并以一种易于使用的方式提供给软件测试人员。可以将 THUD 看作包在被测试应用程序表面的皮肤，随着应用程序上下文环境的切换显示对测试有用的信息。目前 THUD 技术应用很少，有些 THUD 甚至没有包含正确的信息。但是在未来，它会是测试人员必备的工具，就像没有玩家想在没有装备 HUD 的情况下穿越一个不可预测的危险世界一样。

如果听起来有点像作弊，那就算作弊吧！在 HUD 中添加作弊元素的玩家比未添加作弊元素的玩家拥有更大的优势。作为能够访问源代码、协议、后端、前端和中间件的内部测试人员，我们确实可以“作弊”。相比普通的黑盒测试人员和用户，我们可以拥有优势发现更大的缺陷。这正是我们的目标：能够比任何人更快、更有效地找到自己的 bug。这种作弊方式我完全赞同，只可惜目前还没有可以让我们利用的作弊信息。

（3）测试前移

回顾以往的预测，现在的世界也不像当初预测的那样完美，但由于这些都是对未来的预测，所以现实并不完全符合当初的预测似乎也合理。许多人谈论测试前移，只是让测试人员更早参与软件的生命周期。在我看来，我们已经让测试人员参与需求评审之类的工作几十年了。这是推动测试人员向前发展，而不是推动测试向前发展。我们真正要做的是尽早得到可测试的东西，以便尽早在交付过程中进行测试。

在测试中存在着一个时间差，这个时间差侵蚀着整个开发生命周期的质量、生产效率和其他可控特性。这个时间差是指从 bug 被创建到 bug 被发现之间的时间间隔。时间差越大，bug 在系统中停留的时间就越长。这显然是很糟糕的，过去我们做的只是指出系统中存在的 bug，找到 bug 花的时间越长，清除它们的成本就越高。

我们要做的是缩短时间差。

缩短时间差意味着测试方式需要发生根本性的改变。在 2008 年，开发人员还是会在不经意中引入软件错误，这样的情况在开发环境中不可避免，并且这种情况的发生在二进制文件构建之前，开发人员和测试人员很少在这个情况下尝试查找缺陷。缺陷没有被及时发现，因而一直存在，甚至带来更深的影响，直到开发周期的最后阶段，依靠那些善于在开发周期最后阶段发现缺陷的英雄来将我们带出困境。

作为软件测试人员，我们提供了一套有价值的缺陷发现和分析技术，要在流程中更早地应用这些技术。我认为有两种方式有助于我们实现这个目标。第一是在二进制文件生成之前，在早期开发阶段就开始进行测试。第二是尽早构建二进制文件，以便更早进行测试。

接下来从“对早期开发阶段的测试”开始分别对这两种方式进行讨论。在开发周期最后的这个阶段，我们是在发布的可运行二进制文件中寻找软件缺陷。我们使用测试工具通过运行大量测试用例（不同的输入和数据）来对编译过的二进制或程序集、字节码等进行反复测试，直到找出足够多的缺陷，让我们有信心认为缺陷都已经找出来，软件质量已经足够好了。但为什么要等到二进制文件准备好呢？为什么我们不能将这些测试技术应用于早期开发阶段？比如产品架构技术选型、需求和用户故事或需求规格和设计。测试领域在过去半个世纪里积累的所有技术、技巧和测试智慧难道只适用于软件运行阶段？为什么系统框架不能以同样的方式测试？为什么不能将现有的测试知识和技能应用到设计和分析中？答案是，我们没有理由不这样做。实际上，我认为微软有很多前瞻性团队已经将测试技术应用到早期开发阶段了。测试的开始，不是像现在这样某些东西变得可测试时，而是有了一些需要测试的东西时，测试就可以开始。这是一个微妙但并非不重要的区别。

“更早构建二进制文件”，这是第二种方式，这种方式需要跨越技术障碍。在 2008 年，软件是分组件开发实现的，如果其中某个组件没有准备好，就无法整体构建。这意味着必须等到所有组件都达到某种程度的完成才能进行测试。这样一来，bug 就会被搁置几天甚至几周，测试开始后才可能被发现。我们可以用虚拟的组件代替未完成的组件，用外部组件模拟测试中调用的未完成组件或是构建可变式组件，可以根据测试需要模拟一系列操作行为来调用被测系统（驱动模块）？……因为我们必须这样做。虚拟组件和可变组件的应用使测试人员在 bug 被创建的初期可以进行测试，从而第一时间发现 bug。

测试太重要了，不能等到开发周期结束才开始。尽管迭代开发和敏捷在更早的时候创建可测试的代码（尽管功能小且不完整），但在发布之后仍然有太多的 bug。显然，我们做得还不够。必须将测试的技术应用于早期的开发阶段，并允许我们在代码全部完成之前可以构建出一个可操作的、可测试的环境。

（4）关于认证[①]

你对测试人员的认证有什么看法？我听过很多支持者和反对者的观点，也了解过很多不同认证及其相关的要求。坦率地说，我并没有太深的印象。我的雇主似乎也一样不感兴趣。在微软，我还没有遇到一个获得认证的测试人员。大多数人甚至都不知道有这样一个认证。他们以传统的方法学习测试技术，如阅读所有能找到的书籍和论文，向公司里比自己更优秀的人学习，以批判性思维对那些喋喋不休或发布过出版物的大师或准大师进行评价和讨论。

简单分析之后，就可以得出这样的结论：微软有我见过的最好的测试人员。我的意思是，说真的，微软知道需要什么样的测试，知道需要什么样的测试人员。我在这里做测试，也在测试上有许多创新，有些可能不是我应得的。在微软，我几乎每天都会遇到比我优秀得多的测试人员。我很想在这里列举其中的一些，但很明显，如果我漏掉一些人，他们会很生气。把测试人员惹恼可不

① 对于测试，除了《未来》系列，我还偷偷加入了一些不成系列的单篇文章，比如这篇关于认证的文章，也引起了很多人的注意。显然，认证使从事培训的顾问赚了不少钱，我对认证价值质疑却没有得到过赞赏。个别人甚至认为我在文章中暗示微软认为认证毫无意义，指责我破坏测试认证的推广。其实我并不是简单的暗示……因为微软大多数人真的认为测试认证是无稽之谈！

是件好事，所以我决定不列出他们的名字。根据我的经验，我认为，认证和测试人才之间的关系是相反的。我遇见的其他公司的优秀测试人员也不例外。我所认识和遇到的真正优秀的测试人员都没有考过认证。虽然偶尔有反例，但大多数情况是这样的，至于反过来是否成立，由于我没有数据证明，所以无法给出结论。

让我重申一遍，这是我的经验。众所周知，经验并不等于事实。然而，我在博客中讨论这一话题的原因是，我最近遇到了三位办公室经理 / 行政人员，他们都获得了认证。这三个人不是测试人员，但他们跟软件测试人员一起工作，为了解测试人员的工作内容，他们参加了一个认证课程，通过考试后获得了证书。

嗯，好吧，我承认他们很聪明、好奇心强而且工作努力，但测试工作远不止于此。他们承认自己对计算机知之甚少，更不用说软件了。在和他们一起工作的这段时间里，我认为他们并不能够成为优秀的测试人员。他们的能力更适合应用到其他地方。我甚至怀疑他们是否能够通过我在佛罗里达理工学院教过的任何一门课程。我想，他们也许认为微软的测试培训太难，让人难以消化，但聪明的他们不费吹灰之力就通过了认证考试。

在我看来，认证的意义是证明你已经具备从事这项工作的能力，是一种具有权威性的证明和保证，我不喜欢这么轻易地使用它。当我在雇用一个通过认证的水暖工时，我希望对方的能力比我强。当我在雇用一个持有证书的电工时，我希望他能把困扰我的那些问题轻松解决掉。如果我聘用了一名有认证的测试人员，我希望他们的测试能力和技能与我旗鼓相当。我想知道管道公司的办公室经理是否能够如此轻易地获得水暖工认证。

好吧，我查了一下水暖工（至少在西雅图）的确有认证，但他们不是通过课程和考试来获得认证的，尽管上课和考试都有。他们需要在水暖工师傅那里当学徒。要知道，一旦获得认证，他们就可以一直从事水暖工这个工作。

我意识到，测试不是修水管，但认证这个词让我有些犹豫。认证是具有权威性的证明。我无法理解这种认证对测试人员的意义。仅仅是因为了解软件的基本命名法，就可以与其他测试人员交谈并成为其中的一员？或是说，只是带着足够开放的心态，坐着完成一门课程并吸收了其中的一些知识？这样的认证会给测试这门学科的发展带来价值吗？获得这些认证会使我们的生活变得更好吗？还是说为那些不具备真正测试能力的人进行认证而削弱了测试学科的权威性？

我认为，这些认证只是一种培训，并不是真正意义上的认证。在我看来，认证意味着你有一个被许可、批准的证书，可以做一些业余 / 工匠所能完成的事情。否则，认证有什么用呢。

不管你怎么想，我为自己是一名测试人员而感到自豪，在这一点上，我是有点骄傲的。我和我同事做的工作，不是一个办公室经理（无论多么聪明）通过一门认证培训就能学会的。

不过，如果我对认证的认识有错误，希望大家能给我一些指导，让我对认证能有新的认识。但现在，无论如何，我都看不出认证有什么好处。

（5）可视化

可视化是测试工具领域取得很大进展的一个领域。这是一个只需短短几年就能实现的目标。在两到五年内，软件测试有望变得更像玩电子游戏。

具备可视化能力的软件是怎样的呢？如果我们有可视化的软件，在构建或测试软件的时候，一眼就知道哪些功能还没有完成。正如希望的那样，我们可以轻而易举地获取依赖关系、接口和数据等信息来帮助我们更好地进行测试。至少，我们可以观察软件内部架构的依赖，在测试过程中理解交互输入与应用结构依赖和环境依赖的关系。

其他工程学科也有这样的可视化效果。比如一辆汽车，参与汽车装配过程的每个人都可以看到、触摸和分析车辆。他们可以看到车是否缺少保险杠或方向盘。他们可以看到机械化生产线上整个从一个空壳变成一个功能完备可以开到经销商那里进行销售的成品车的过程。需要多久可以完成？好吧，离装配完成还有十几米呢！

所有参与制造汽车的人都可以使用这套共享可视化产品，这对生产非常有帮助。他们在沟通中使用所有人都能理解的术语，不会产生误解，因为每个部件、每个连接点、每个接口都显示在共享的可视化效果图中。

不幸的是，测试的世界不是这样的。像前面提到的“需要多长时间才能完成？”或“哪些任务尚未完成？”仍然困扰着我们。这是测试人员要解决的问题。

架构师和开发人员已经在解决这个问题了。在 Visual Studio 中，序列图、依赖关系图等都以可视化方式展示。测试人员也在解决这个问题。微软内部已经有了可视化解决方案，比如通过查看 Xbox 游戏中的代码颜色变化（代码在渲染时发出绿色光芒，在测试后恢复正常）来判断未测试的代码在 Windows 代码库中的复杂性（代码覆盖率与代码复杂性的热图以三维的形式呈现出来，引导测试人员直接找到问题区域）。可视化的效果是惊人的、优雅的，测试人员一眼就可以确定什么地方需要测试。

我们固然需要更多这样的东西，但也需要谨慎处理这个问题。不能简单接受 UML 和模型生成器提供的视图。这些可视化的视图主要是为了解决其他问题，不一定适合我们所面临的问题。许多可视化是为服务架构师或开发人员而创建的。作为测试人员，需要从测试的角度来思考可视化。我们需要的可视化是可以将需求映射到代码、测试用例映射到接口、代码变动映射到图形界面以及代码覆盖映射到对应控件。如果我们在测试应用程序的时候，可视化以代码染色的方式显示测试是否已经覆盖产品代码所有的路径，会不会更好吗？在应用程序背后还隐藏了很多看不到的东西，比如程序运行时带宽使用情况、数据请求的响应时间、数据包的大小、SQL 的执行情况，现在是时候把它们挖掘出来并加以利用了，它们将有助于我们提高代码质量。

可视化迫切需要解决，许多聪明人正在努力解决这个问题。

（6）测试文化①

几个月前，我参加了英国帝国理工学院某位技术大咖士的讲座（也许他是位杰出的工程师，我不敢肯定，但两者没什么不同）。和我们所有的助教一样，他非常聪明，当他向我展示他和他的团队正在开发的新产品的设计时，我突然领悟到一个重要的问题。

---

① 这篇文章发表于 2008 年 10 月，我的博客访问量大幅度上升，登上了 MSDN 的头版，这也使得我的博客有了更多曝光的机会，吸引着更多的访问者。在公司内部，我也开始收到更多的邀请，让我做关于“测试的未来”的演讲，如此一来，我有更多的时间谈论这个话题，并与许多聪明的微软员工进行讨论。这些讨论确实帮助我发现了预测中存在的不足，也帮助我完善和加强了预测的说服力。我开始倾向于将“信息”预测作为头等重要的大事。

显然，我的表情让这名技术大咖注意到我了（坐在我旁边的女孩也注意到了，但我不想谈论这个），并在演讲结束后找到我。我们的对话是这样的。

“詹姆斯，”（他居然知道我的名字！）“你似乎对我的设计或产品有意见。我希望听听你的意见。”

“不，我对你们的产品和设计没有看法。我的问题与你个人有关。”

“哦？”

“你的想法把我惊到了。”我告诉他。“你把所有时间花在构思功能、实现场景、设计接口和协议上。你处在一个重要的位置，大家都需要按照你构思的内容去实现，但你就是你压根儿没有考虑过测试。”

那之后，他开始尝试做正确的事情，即了解测试。他邀请我审查设计并参与其中。但这恰恰适得其反。

让测试人员参与设计总胜于完全不参与，但这也好不到哪里去。在参与设计的时候，测试人员的关注点是可测试性问题。开发人员的关注点是实现问题。谁能做到两者兼顾呢？谁又能做出正确的取舍呢？让测试参与设计只是表面的改进，让设计师（以及其他角色）参与测试才是未来的趋势。

说真的，开发软件的人为什么对测试理解如此之少？为什么我们以前没有尝试过解决这个问题？作为测试人员，我们是否太过专注于我们当前的角色，以至于小心翼翼地守护着测试知识王国的钥匙？测试是否如此晦涩难懂，以至于开发人员无法找到他们想要的答案？开发人员是否已经习惯于把这个过程中“无趣”的阶段交给我们以至于现在已经认为这是理所当然的？

增加测试人员并没有起到应有的作用。让测试人员更早地参与软件开发周期来也没有奏效。我们有些产品的开发人员与测试人员比例是1比1，但其质量仍然不高。也有一些开发人员与测试人员比例“很糟糕”的产品，但质量却高于其他产品。我认为，在未来，我们对角色的分工是行不通的。角色的分工可能导致测试后期介入时已经无法充分发挥它对产品的作用。

在当前的测试文化下，角色有明确的分工，要想充分发挥测试之于产品的能力，就需要合并角色，做到质量成为每个人的责任。用《指环王》作者托尔金的话说就是“至尊戒驭众戒！”

想象一下，架构师、设计师、开发人员、每个参与者都有测试相关的知识，他们不断地、始终如一地将这些知识应用到自己的日常工作中。独立的测试角色不会因此而消失，因为还有一些独立性测试的需求，只有专业的测试人员才能做得更好。如果整个产品开发过程中所做的每个决策都做了正确的测试，那么最终系统测试的完整性可以达到我们现在梦寐以求的水平。如果项目中的每个人都理解测试，那么我们只需要少数测试人员就可以达到这种水平。

要实现这个测试乌托邦，需要深刻的文化变革。测试必须深入学术界或其他编程、设计课程中。随着开发人员在职业生涯中的进步，这种教育必须继续并变得更加先进和强大。我们需要达到这样的效果，即所有项目利益相关者都了解测试，并将测试自然而然地融入工作中。工具总有一天也会支持这一点。总有一天，我们不会再编写出不可测试的软件，单靠一些明星测试人员是无法实现的，需要项目中所有人的共同努力。

测试太重要了，以至于它不能成为流程中的“最后一环”。在整个流程的早期，设计决策会影响测试的过程，因为测试的解决方案是根据设计来制定的。测试的重要性使得我们不能将它交给单一的专门负责质量保证的角色。相反，我们需要一个根本性的文化变革，让每个人都参与质量保障并将这个原则渗透到我们做的每一件事情中。

（7）测试人员化身为设计师

我搞砸了一件事。我应该将其称为“测试设计”，因为这更符合我的意思。在未来，测试的日常活动将转移到一个更高的水平，即可以随意挑选测试所需的所有核心资产，如测试环境、可重用的测试用例等。在这里只是初步给大家呈现了未来测试活动大概的样子。

测试人员在很大程度上扮演着流程后期英雄的角色，但是在业绩评估和晋升的时候往往得不到赏识。我们发现了重大的缺陷时，人们认为那是理所应当的，而一旦我们遗漏了缺陷，人们就会提出质疑。这就是常说的“做好了是应该的，没做好就应该被斥责。”

这种情况要改变，而且很快改变，因为必须要改变。我的朋友谢尔曼（Roger Sherman）是微软公司第一个测试总监。他将这种测试角色的变革比喻为测试毛毛虫变成了一只蝴蝶。用他的话说就是“测试工作蜕变出来的蝴蝶就是设计工作”。

我完全同意这个观点。随着测试和测试技术参与到流程的早期，测试人员所做的工作将更类似于软件设计而不仅是软件验证。我们更加注重所有软件设计质量的策略，而不仅仅是二进制的程序。我们花更多的时间来确定流程中的测试需求，而不仅仅是执行测试用例。我们监测和衡量自动化的效果，而不仅仅是构建和调试它们。我们花更多的时间来审查现有的测试用例，而不仅仅是建立新的测试用例。我们化身为设计师，在更高的抽象级别和更早的流程中开展工作。

在微软，这个角色通常由测试架构师来担任，我认为，大多数测试工作都在朝着这个方向发展。

听起来未来很美好，但如此光明的未来中明显有一缕阴影，来自错误类型和我们擅长的测试类型。毫不夸张地说，相比发现业务逻辑错误，我们更善于发现结构性错误（崩溃、挂起以及与软件及相关的非功能错误）。对于结构性缺陷，我们有许多针对性的技术解决方案。但对于业务逻辑错误，我认为目前整个测试行业都没有一套系统性的解决方案，以至于测试人员不得不独立面对这类问题。

想要发现业务逻辑错误，意味着我们必须了解业务逻辑本身。理解业务逻辑意味着与客户和竞争对手进行更多的互动，我们需要沉浸在我们软件所涉及的行业中，不仅要在软件生命周期的早期介入测试，还要参与原型、需求、可用性等以前不曾涉足的领域。

对于软件生命周期的早期阶段，测试人员还没有这方面的经验。提前做好准备意味着要面对这些挑战，并愿意学习新的客户思维方式以及对质量进行思考。

软件生命周期的质量前移工作与以往的工作有明显区别，越来越多的测试人员有望在生命周期前期的工作中找到自己的价值。

（8）基于发布的测试

作为“测试的未来”系列的最后一部分内容，我希望你会喜欢。部分内容可能是我在种种预测中比较有争议的：未来，我们将在产品中发布测试代码，并能够远程执行这些代码。我已经看到了黑客们的奸笑和隐私倡导者的愤慨，下面对这些担忧进行回应。

Vista 发布的时候，我在 Windows 部门。有天晚上我在家给我 8 岁的儿子演示它。他非常喜欢 Aero 界面和酷炫的边框小工具，他在电脑上玩他最喜欢的游戏《线条骑士》和《动物园大亨》，游戏运行流畅，让他印象深刻。我记得当时我想的是他不去做游戏博主，真是太可惜了。好吧，我承认我跑题了。

在演示结束时，他问了一个每位测试人员都害怕回答的问题："爸爸，哪部分是你做的？"

我一时无语，以前没人问过我这样的问题，我结结巴巴地说了些莫名其妙的话。我不知道怎样告诉一个 8 岁的孩子，我几个月前刚刚加入项目（Vista 的开发周期快结束时我才加入微软），实际上没有创造出任何东西。后来我还是尝试着回答了这个可怕的问题（我需要用感叹号来让它显得更有说服力和有道理）：

"我在努力让它变得更好！""事实上，它能运行得这么好……嗯，就是因为我！"

"如果不是我们测试人员，这个社会就麻烦大了！"我特别喜欢最后一条。然而所有这些听起来都很空洞。我在一个产品上工作了这么久的时间，除了找到一些被遗漏的 bug，就没有其他贡献了？

因为这件事情，让我有了更多的思考，于是就有了这个想法：测试工作应该在发布后的软件中继续进行。测试代码应该与二进制文件一起发布，测试代码可以继续完成它的工作，并且是没有测试人员在场的情况下继续。这不是一个蹩脚的尝试，也不是一个用来可以让我和我的同事夸口的东西，而是给软件提供持续的测试和诊断。我们现在面临的情况是，当产品发布时， 我们其实并没有全部完成所有测试工作，那么我们为什么要在产品发布后就停止测试呢？

在这方面，我们已经做了一些实践。Watson（著名的 Windows 应用程序的“发送 / 不发送”错误报告），允许我们在软件运行错误时捕获现场发生的故障。下一步是对故障做一些针对性的操作。

Watson 捕获到一个故障，并构建了相关调试信息的快照。然后管道另一端就可以通过这些数据找到解决办法，并通过 Windows 更新发布补丁。这在 2004 年是非常危险的，实际上现在也是。

如果可以运行额外的测试并利用软件发布前就有的测试基础设施呢？如果可以部署一个修复程序并在发生故障的实际环境中运行一个回归套件呢？如果可以部署一个生产修复程序，并要应用程序自己运行回归套件呢？

为了实现这一目标，应用程序有必要记住其先前的测试内容，并将这一过程带到用户现场。这意味着可自测试能力有望成为未来软件的一个基本特征。我们的工作是找出如何测试并将这个魔法嵌入到应用程序中。未来，当孩子看到最酷的功能是由我们设计的时，会为我们感到骄傲的。

至于黑客和倡导隐私安全的人，不要怕！汤普森（Hugh Thompson）和我很早以前就对这个问题（发布二进制文件时包含测试代码）进行过警告。既然我们知道如何用它来攻破应用程序，那我们同样也知道如何修复并让它正常工作。

10. 闲话谷歌

为什么每次我在文章标题中使用谷歌这个词就会导致博客流量激增？这篇文章很水，但阅读量却很高！当时也许就是个预兆，因为我现在是谷歌的员工。

实际上，这更像是在谷歌演讲，明天我将前往谷歌自动化测试大会发表我的“测试的未来”最新版本。

关于测试的未来，我收到大量反馈，以至于这个周末大部分时间我都在整合（这是否算偷窃，完全取决于你的观点）这些反馈，并进行更正和补充。感谢所有与我讨论和分享智慧的人。

如果你错过了谷歌自动化大会，可以参加 11 月 11 日在海牙举行的欧洲软件测试大会，我会给出一个类似但更黑暗的版本“我们所知的测试末日”。是的，在演讲前，我还喝着酒，听着 REM 的音乐。

这两次演讲取得了巨大的成功。我认为欧洲软件测试大会的演讲收获更大，并引发了许多讨论。我在谷歌结识了一些很棒的人。有趣的是，他们中的许多人都在微软工作过。

11. 再议手工测试与自动化测试[①]

在我的关于测试的未来系列中，有人指责我是墙头草，一会儿支持手工测试，一会儿支持自动化测试。显然，这不是一个非此即彼的命题。这里澄清一下我对这个问题的看法。

① 简直不敢相信，关于手工测试和自动化测试，我会收到这么多邮件，但其中的原因其实也很容易理解。我的博士论文是研究基于模型的测试，多年来我一直在教授和研究测试自动化。现在，我对手工测试的痴迷达到极致。这不是一个非此即彼的命题，但我确实相信手工测试有一个极端的优势：在整个过程中让人类测试人员的大脑完全参与其中，而自动化在它开始运行的那一刻就放弃了这种优势。

这个争论是在哪种场景下选择哪种测试方法，即哪些场景下手工测试优于自动化测试，反之亦然。有种观点简单地认为自动化测试在回归测试和 API 测试有优势，而手工测试更适合验收测试和用户界面的测试。对此我完全不同意，这种观点会让我们偏离问题的本质。

我认为，这个问题的本质与应用程序的接口、用户界面、回归测试或功能测试无关。我们必须从业务逻辑代码、框架代码的角度考虑代码，这才是区分手工测试和自动化测试的关键。

业务逻辑代码用来实现产品所有者或目标客户所需要的功能。框架代码为业务逻辑代码的实现提供基础服务和运行环境。框架代码使业务逻辑具有多用户、安全、本地化等功能，是使业务逻辑成为实际应用程序的平台。

显然，这两种代码都需要进行测试。直观地看，手工测试应该更擅长测试业务逻辑，在面对业务逻辑规则的时候，人类对规则的掌握优于编写的自动化代码，基于这一点，我认为手工测试更擅于业务逻辑的测试。

手工测试人员更容易成为领域专家，他们可以利用强大的测试工具（“他们的大脑”）来存储非常复杂的业务逻辑。手工测试很慢，所以测试人员有时间观察和分析不容易察觉的业务逻辑错误。从测试效果上看，手工测试速度慢，但测试结果稳定。

另一方面，自动化在检测低级缺陷方面表现出色。自动化可以检测崩溃、挂起、不正确的返回值、错误代码、突发异常、内存使用情况等。自动化测试速度快，测试过程的稳定性低。对业务逻辑采用自动化测试方法非常困难且有风险。以我的愚见，Vista 糟糕的一个原因是太过依赖自动化测试，没有增加一些优秀的手工测试人员，不重视手工测试人员带来的巨大价值。

因此，无论是应用程序的接口还是用户图形界面，回归还是某个全新的测试要求，具体选择哪种测试取决于要查找怎样的错误类型。当然，可能也存在一些特殊的情况，但大多数时候，手工测试在查找业务逻辑错误方面胜过自动化测试，但如果是查找框架代码错误，自动化测试胜过手工测试。

12. 测试人员的招聘与留任

我在 EuroSTAR 上发表了一个关于软件测试未来的主题演讲。在演讲中，我展望了软件的前景：作为不可或缺的工具，软件在解决人类一些最棘手的问题中发挥着关键作用。我认为，软件提供的魔法使科学家能够洞察气候变化、可再生能源及全球经济稳定之间的关系。没有软件，医学研究者如何找到复杂疾病的治疗方法以实现人类基因组计划的承诺？我指出，软件作为一个强大的工具可以帮助我们化解棘手的难题，但通过一系列软件故障之后，我产生了疑问："什么能让我们摆脱对软件的依赖？"

在对软件测试未来的预测中，我表达了远离软件开发后期英雄主义以及避免低质量应用程序的期望，但有些人却误解了我对测试未来的预测，认为我主张"不需要测试人员"。我不明白为什么会有人断章取义只抓住了这短短 20 秒的只言片语，全然不顾整个 45 分钟演讲的内容。美国大选已经结束，断章取义的言论不应该再出现了。

我对手工测试的偏爱和对手工测试人员的钦佩就在这篇文章中，如果你听过我的主题演讲，哪怕只是短短几分钟，就会像我一样，相信测试人员的角色有望发生根本性的变化，测试人员将更像测试设计人员，而测试用例实现、执行和验证等传统底层的粗活儿有望成为过去，测试人员将在更高的级别上工作， 并且对质量的影响更大。

可以想象，绝大多数测试人员若是真正理解我所说的这些内容，都会为此感到高兴。我也恳请那些没有弄明白人再看看下面的内容。

（1）软件测试人员的招聘

我描述的测试人员招聘要求，居然会有人以为我是在开玩笑。显然，这则招聘真实描述了测试职位的要求和测试人员工作的场景。有人指责我不尊重我的雇主和这个行业。

招聘软件测试人员时，职位要求对比产品与需求规格书的差异。产品极其复杂，需求文档极简陋，甚至可能都不存在，来自开发人员的帮助微乎其微，而且极其不情愿。产品在不同的环境下支持多用户、多平台、多语言以及目前未知但同样重要其他不确定的要求。我们不太清楚这意味着什么，但安全和隐私是最重要的，发布后的失败不可接受甚至可能导致我们停业。

（2）留住测试人员

对于微软的许多测试人员来说，这是一个痛处：许多最好的测试人员都转岗到开发和管理岗位。有一种看法认为，这样做可以加快晋升速度。在其他公司更是如此。

我为 UTest.com 举办的网络研讨会中，收到一些很好的问题。有个问题似乎引起了共鸣：如何阻止优秀的测试人员转向开发岗位？

我经常听到这个问题。许多工程师将测试视为开发人员的训练场。测试工作是快速上任开发岗位的大门。

说实话，这不是一件坏事。我认为，测试人员出身的开发人员越多越好。他们编写的代码错误更少，与测试人员的沟通更顺畅，而且还认可测试团队所做的工作。我认为，真正可惜的是，测试作为一门学科失去了很多有才华的人。

我认为，转岗做开发的测试人员是因为发展空间太小。毕竟，作为测试人员，有很多代码需要编写，而且编码环境通常更自由。我认为，测试人员转岗是因为太多的测试经理还是老一套思维，只关心产品发布。在测试人员转向开发工作的公司，我看到的是缺乏真正创新精神的测试团队，反之亦然。只有那些渴望创新并能给测试人员提供发明、发现和研究机会的团队，才能留住优秀的测试人员。

想要留住优秀的测试人员吗？给他们创新的机会。如果测试人员看到的只是测试用例和发布时间表，那么所有的测试人员就都会盯着那扇通往开发领域的大门。别指望我会责备他们。

13. 谷歌与微软的开发：测试比率之争

整个 12 月我没怎么写博客，如果你也不打算写太多内容，可以用这样的标题来吸引读者：谷歌。信不信由你，这篇文章也登上了 MSDN 的首页！这一招很管用。

自从今年 10 月我在西雅图举行的谷歌自动化测试大会上发表演讲以来，我便有机会与谷歌的许多测试人员进行交流，同时就两家公司的测试方式进行比较和对照。这是一次很好的交流。

现在看来，谷歌对测试的专注程度和微软势均力敌，我们都拥有训练有素且工作认真的员工。但我对其中的差异有一些值得深思的见解。

具体来说，两家公司的开发人员与测试人员比例存在差异，这样的差异值得深入研究。在微软，不同组的开发人员和测试人员比例有一定程度的浮动，开发人员和测试人员比例从 1 比 1 到 2 比 1 或 3 比 1 不等。在谷歌，情况似乎恰恰相反，一个测试人员需要面对一大帮开发人员编写的错误代码，显然，这是两个公司的共同点！

哪种方式更好？我也没有结论，但下面是我的一些想法。

1. 1 比 1 很好。表明了对测试人员的重视，并使开发人员能够全身心地投入到对开发任务和编程细节的思考，可以让测试人员最大限度地投入对项目质量的思考，测试人员可以始终专注于应用程序的完善，从而加快应用程序的交付。重视测试人员的独立性，最大限度地减少开发人员无法有效测试自己代码这一偏见所带来的影响。

2. 1 比 1 不好。这是开发人员放弃所有质量想法的借口，因为这是别人的工作。开发人员只需构建主线功能，把错误检测和其他枯燥的部分留给测试人员。

有趣的是，微软的测试人员往往是非常精明的开发人员，他们经常还能修复错误，就像他们发现错误一样，当他们这样做时，当有其他人为开发人员修复错误时，开发人员真的会从自己的错误中吸取教训吗？难道说，测试人员的才干和丰富经验，可以成为开发人员偷懒的借口吗？这是这场争论中的另一方观点。

1. 多比 1 很好。当测试人员稀缺时，开发人员不得不在质量方面发挥更积极的作用，并提高其代码的可测性和初始质量。如此一来，测试需求变少，可以使用更少的测试人员。

2. 多比 1 不好。会限制测试人员的发展。开发人员本质上是创造者，他们创造的东西需要一些人持否定的观点进行验证，否则会错过一些东西。测试人员太少的话，会导致测试太复杂。开发人员如果以错误的创造论态度来进行测试，注定是无效的。

最理想的比例是多少呢？在哪里？显然，受特定应用程序的影响， 大型应用服务程序需要更专业和更多的测试人员。但是，是否有一些通用的方法可以正确组合测试人员、开发人员、单元测试、自动化测试和手工测试？我认为，重要的是我们要开始关注质量保证实际涉及的工作量以及哪些角色和哪些点最有影响。测试经理应该设法找到这个理想比例。

14.Zune 的问题[①]

正如你可以想象的那样，在走廊和我们的内部邮件列表中，关于 Zune 日期计算问题的争论非常热烈。有很多地方可以找到对这个缺陷本身的分析，但我更感兴趣的是对测试的影响。

有一种观点是这样的：这是一个小 bug，一个“大于”但本应该是“大于或等于”的简单比较器。这是一个经典的“差一”错误，很容易通过代码审查找到并很容易修复然后被遗忘。此外，这不是一个非常重要的 bug，因为它只在每个闰年的一天有效，而且它只对我们最老的产品线有影响。实际上，这甚至不是我们的错误，它在重用的代码中。测试这类众所周知的小问题是一个无休止的事情，将其归咎于开发人员并要求他们不要再这样做（不要生气，放轻松，你肯定能看出其中的讽刺意味）。

---

① 我们在 Zune 产品某个著名的缺陷中结束了 2008 年。这是微软测试圈的一个话题，我们讨论了这个漏洞是如何出现的以及为什么会被遗漏。我要谈谈我的看法。

另一种看法则是，这是设备启动脚本中的一个大 bug，影响到了每个用户。此外，它的效果无异于使设备瘫痪，即使只是一天（事实证明，在特定的一天，音乐实际上很重要）。这是一个优先级 1、严重程度 1 且可以让人抓狂的缺陷。

作为测试人员，除了后者，我还能有其他观点吗？事实上，bug 已经发生了。现在我们需要问，可以从这个 bug 中学到什么？

显然，对这段代码进行的代码审查是可疑的。我参加过的每次代码审查都会优先检查每个循环终止条件，特别是启动时运行的代码。这很重要，因为在测试中很难发现循环终止的 bug。它们需要输入、状态和环境条件的“结合”，这些条件不太可能由测试人员瞎搞出来或使用不假思索的自动化工具拼凑出来。

这就引出了我想谈的第一点。我们测试人员在代码审查和单元测试方面做得不够好，这个 bug 在代码审查和单元测试阶段更容易被发现。如果我还在教书，我会给某人颁发博士学位，因为他想出了如何对代码审查结果、单元测试用例和系统测试用例（手动和自动）进行规范化。如果我们能聚合这些结果，就可以将系统测试专注于系统中尚未被上游测试覆盖的部分。只要我们愿意相信，测试人员就可以为开发人员所做的工作提供（质量）信用。

系统测试在处理这个 bug 时会遇到很大的困难，因为测试人员必须认识到时钟是输入（对许多人来说似乎很明显，但我认为这并不是理所当然的），设计一种修改时钟的方法（手动或作为他们自动化的一部分），然后创建一年中最后一天为 366 的条件。即使专门测试日期计算，我也不认为这是一种自然的情况。我可以想象测试人员考虑 2 月 29 日、3 月 1 日以及秋天和春天的夏时制。但是什么让你认为 2008 年 12 月 31 日和 2007 年 12 月 31 日不同？Y2K（千禧年）似乎是一个明显的选择，2017、2035、2999和其他一些年份也如此，但2008呢？

接下来是我想谈的第二点。在各个内部论坛讨论这个bug时，至少有十几个人有测试日期计算相关问题的想法，而参与讨论的其他人都没有想到，其中有两个同事在走廊上的辩论让我印象深刻，他们讨论如何找到这个bug，以及为日期计算问题运行其他哪些测试用例。这两个非常聪明的测试人员，他们清楚日期这个问题，但测试的时候几乎都是使用正交实验的方法！

对于晦涩难懂的测试知识（安全性、Y2K、本地化等），我们往往通过讨论并向测试人员解释如何分享它们。“需要测试闰年边界”的说法并不是一种有效的沟通方式。但这正是我们现在的沟通方式。我们要做的是通过来回传递测试库来分享我们的知识。我希望谈话是这样的：“你需要测试闰年边界，这是我的测试用例库，里面有我执行的用例。”或者“使用计数天数来实现日期计算很危险，当你发现开发人员使用这种技术时，需要运行这些特定的测试用例以确保他们都做对了。”

完全覆盖这个特定日期计算问题域所需要的测试知识体系超出了参与讨论的这些人的测试知识体系。虽然讨论有教育意义和刺激作用，但并不特别适用于测试实验室。测试用例（或其抽象模型）是可以传输的，它们提供了封装测试知识更好的方法。如果用测试用例的术语来交流，我们实际上就可以积累知识，并将其迅速传播到公司的各个角落（我们有很多应用和设备要进行日期计算），而不是坐在那里解释计算时间的变化。即使有人不理解计算时间算法，也可以使用其他理解它的人的测试资产来做测试。

可重复使用和重新加载的测试用例是软件测试积累知识的基础。测试知识分布在各个专家的头脑中，其他任何共享机制都难以实现。

15. 再谈探索式测试[①]

我刚刚结束与同事的谈话（实际上更像是一场辩论），作为探索式测试的批评者，他是测试协会的创始成员，这个协会提倡“一次性计划，绝不多做额外的测试”。

我很高兴地说，他承认了探索式测试的有效性（但他并不承认它的优越性）。也许，我终于找到一个有用的解释来说明探索式测试的功效。我对他说了下面这番话：

> “软件测试因为输入、代码路径、状态、存储数据和操作环境的变化可能性过多而变得复杂。事实上，无论是通过编写测试计划来提前应对这种变化，还是采用允许计划和测试交叉的探索方法，都是不可能完成的任务。无论最终如何测试，都太复杂以至于无法测完。”

然而，探索式技术有其关键的优势，它鼓励测试人员在测试时做计划并使用在测试过程中收集的信息来影响执行测试的实际操作。与仅在测试开始前制定一次性计划的方法相比，这是一个关键的优势。想象一下，在赛季开始之前尝试预测超级杯或英超联赛的获胜者……不了解球队的比赛情况及其如何应对竞争，以及关键球员是否能避免受伤，这很难做到。进入赛季后，获得的

① 当我即将完成这本书时，加强了我对探索式测试的宣传力度，并开始寻找可以帮助我发现缺陷并改进它的怀疑论者。可以说，微软有很多怀疑论者。这篇文章来源于与他们进行的争论和学习。尽管看起来很普通，却是读者最喜爱的。

信息对于准确预测结果至关重要。软件测试也是如此，探索式测试通过尝试在小的持续增量中计划、测试和重新计划来拥抱变化。

测试很复杂，但有效使用探索式技术可以帮助控制这种复杂性，并有助于生产高质量的软件。

16. 测试用例的重用①

“测试的未来”这个主题，我在本周内已经讲了四次，截至目前，引发问题最多的是我对测试用例重用的预言。鉴于我 4 次回答的方式不同（叹气），我想在这里澄清自己的想法，并加入一些具体信息。

有这样一个场景：有名测试人员写了一组测试用例并将其自动化，以便反复运行它们。这些都是比较好的核心业务测试用例，所以也需要尽可能多运行。然而，尝试运行时，却发现它们在某些机器上无法工作。测试小伙伴使用了扩展的自动化 API 和脚本库，而你的计算机上没有安装。移植测试用例往往对环境有特殊的依赖。

在未来，将用一个我称之为“测试环境承载”的概念来解决这个问题——向詹森（Brent Jensen）致敬。未来的测试用例以这样的方式编写，即用虚拟化的方式将其环境需求封装在测试用例中。测试用例被写入虚拟胶囊，嵌入所有必要的环境依赖，以便测试用例可以在任何机器上运行。

要实现这一目标，无需技术的突飞猛进。然而，重用的致命弱点从来都不是技术上的，而是经济上的。真正需要可重用软件

---

① 琼斯（Capers Jones）发了一封电子邮件给我，敦促我考虑重用规范和设计。我喜欢收到名人的电子邮件。但伙计（可以称呼你为“伙计”吗，琼斯先生？），我是一名测试人员。其他人需要在这些领域考虑重用。

测试用例技术的是在做重复性工作的使用者，而不是创造者。需要激励测试人员编写可重用的测试用例。如果能够创建一个存储测试用例的测试百科，并为做出贡献的测试人员或其组织支付报酬，会怎样呢？一个测试用例的价格是多少？ 1 美元？ 10 美元？更多？显然，他们有价值的，一个可重用测试用例数据库有足够的价值，甚至可以针对企业创建托管数据库并根据需要转售测试用例。测试用例越有价值，其价格就越高，而测试人员也会受到激励做出其贡献。

可重用测试用例有足够的内在价值，如果建立了测试用例交易市场，整个测试用例库就可以作为服务提供或作为产品授权。

但这只是解决方案的一部分。能够拥有可以运行在任何环境下的测试用例固然有帮助，但我们仍然需要适合待测应用程序的测试用例。对此，我有自己的看法。

再议测试用例重用

通常情况，我们都是为一个应用程序编写测试用例。其实这没有什么大惊小怪的，毕竟我们从来没有想过测试用例还能用到别的团队。但如果我们想要实现测试用例重用，就需要编写可以应用于任何应用程序的测试用例。

与其为一个应用程序编写测试用例，还不如下移到为特性编写测试用例。例如，几乎所有 Web 应用程序都有购物车特性，因此编写这种特性的测试用例应该适用于所有类似的应用程序。许多常见的特性也如此，如连接到网络、对数据库进行 SQL 查询，以及用户名和密码验证等。相比具体应用的测试用例可重用性和可移植性，特性级别的测试用例高得多。

焦点测试用例的影响范围越小，它们就越通用。特性比应用更聚焦，函数和对象比特性更聚焦，逻辑和数据类型比函数更聚焦，等等。在足够低的层次上，可以获得一个我喜欢称之为“原子”的测试用例。测试原子是一个存在于最低抽象水平的测试用例。也许你会写一组测试用例，将字母和数字输入到一个文本框控件。这样的测试原子只做一件事，并不试图做更多的事情。然后可以复制这个测试原子，并为不同的目的修改它。例如，如果字母和数字字符串用作用户名，就从现有的原子中提炼出一个针对合法用户名结构的编码规则的测试原子。随着时间的推移，可以收集到成千上万个（希望是更多）这样的测试原子。

测试原子可以组合成测试分子。两个由字母和数字组成的字符串原子可能组合成一个测试分子，用来测试一个用户名和密码对话框。我看到许多这类测试用例的独立作者会建立这样的分子，然后随着时间的推移，最好的分子胜出，但替代方案仍然可用。在适当的激励下，测试用例的作者将建立足够数量的分子，然后被类似功能的应用程序供应商租赁或购买，以便复用。

在某个时候，便有了足够多的测试原子和分子，因此无需另外新增。我认为，维基百科（一个由用户提供、管理和维护内容的网站）是测试领域存储所有这些测试的地方。类似于测试百科的公司可以为敏感应用建立内部测试百科。包含环境配置的测试原子和分子库将有巨大的价值。

这个想法的一个有价值的延伸是以某种方式来编写测试原子和分子，判断它们能否适用于应用程序。想象一下高亮显示，然后拖动某个测试用例到应用程序上，测试用例自动确认是否适用于该应用程序，然后在不同的环境和配置中反复运行。

啊，我这该不是在做梦吧！

17. 我回来了[①]

你在度假时是否会想到工作？不是担忧、担心或焦虑，而是反思、计划和解决问题。我刚刚就是这样做的。上周日，早上我在西雅图醒来时，室外气温极低，地上有一层雪。到中午，我已经在毛伊岛的卡纳帕利海滩上建造了一座沙堡，那里阳光普照，气温 26.1℃。如果这还不算远离工作，我就不知道什么才是了。

然而，我的心并没有真正远离工作。鉴于我看到的地方都有软件，不难看出，事实上，我一直在想工作。我整个旅行都是在网上预订的，甚至机场的出租车也是。除了我自己，没有其他人参与这个过程。只有我……和一堆软件。

出租车离不开软件，飞机也是如此。行李输送带、意式浓缩咖啡机、汽车租赁柜台（没有人，只有一个自助终端），甚至在我收拾行李箱时监视我儿子踢足球的摄像头。除了软件，别无其他。即使是冰冻混合物机，也有软件帮助它保持正确的温度（顺便说一句，它坏了，我庆幸自己是啤酒爱好者）。

真的有人能完全摆脱一切吗？别让我开始吐槽控制酒店房间空调的运动传感器。我非常支持在不使用时关闭它们，但显然，静止不动并保持凉爽不在其端到端的场景中。

事实上，我并不需要远离这一切。我喜欢看到软件在运行，我喜欢思考测试问题。假期让我的思维从日常琐事中解脱出来，让我对居家时可能忽略的事情提出疑问。这到底是我工作狂热的表现，还是表明我真的非常喜欢我自己的工作？

---

① 我收到以前许多学生的电子邮件（很高兴他们在我不再给他们打分时仍然关注我的工作），他们记得我假期的强度。对于我们这些可以用思想为其他人创造工作的人来说，思考时间非常重要！

对我来说，假期总是这样。当我是一名教授时，负责指导我的两名学生，实际上在我旅行回来后，他们会试图避开我，担心我的新见解会给他们带来额外的工作。但他们从未成功过。

再谈谈我房间里的空调运动传感器。问题并不是测试人员太差，而是测试指导不足。传感器按照设计要求正常工作，按照这些设计要求对传感器进行测试使我陷入一种不断重复的循环（起床空调启动，睡下），疲惫不堪。问题是没有人想到过进行实际使用场景实验……，我称之为“一天的生活”测试。如果测试人员想到把传感器放在一个 24 小时的使用周期中，他们就会发现那个有问题的 10 个小时（没错，是 10 小时，毕竟这是睡个好觉的时候），这时几乎不会运动，而保持温度凉爽也是必须的。但是，哪种工具可以提供这种指导？现代工具虽然可以在很多方面帮助测试人员，但帮助他们想出好的测试场景并不在其中。它们可以帮助我们组织团队、构建自动化、执行回归测试等，但真的能帮助我们进行测试吗？

这就是我想要的工具。一旦我回归，我就要指导其他人为我构建这种工具。

18. 鼹鼠与受污染的花生酱

早上的报纸中，整版的吉夫花生酱广告引起了我的注意（沙门氏菌爆发，已追溯到受污染的花生）。广告称赞吉夫严格的测试过程，并向读者保证，对沙门氏菌进行测试是吉夫公司长期的习惯，我们应该对购买和使用他们的产品有信心。

花生酱显然不是软件，我非常怀疑过去几十年花生酱制作过程没有什么改变。我大胆猜测，这一批花生酱和上一批花生酱差不多。因此，我承认，我们面临的是一个更困难的问题。

但是，“长期的习惯”这个词真的抓住了我。因为我在测试行业中没有看到太多长期习惯的养成。我们计划测试，编写测试用例，发现错误，报告错误，使用工具，运行诊断，接着我们得到一个新版本并重新开始这个过程。在这个过程中我们学到了什么？我们从一个版本到下一个版本保留了多少经验？我们每次测试都在变得更好吗？我们是有目的地变得更好还是只是变得更有经验？在许多方面，唯一真正的历史智慧库（即吉夫所谓的长期习惯）体现在我们的工具中。

我的朋友佩奇（Alan Page）把测试比作打鼹鼠。你懂的，投入一个 25 美分的硬币，塑料鼹鼠就从随机序列的洞孔中弹出来，用木槌敲打它们的头。敲打一个鼹鼠，另一个鼹鼠就会出现，甚至以前被敲打过的鼹鼠也可能再次出现，需要额外的木槌来处理。这是一个无止境的过程，只要再投入 25 美分硬币，就能继续。

听起来是不是很熟悉？测试就像在打鼹鼠游戏，开发人员不断地投入 25 美分硬币。现在，尽管没有考虑缺陷预防，但我们可以从吉夫牌花生酱中吸取教训。他们知道某些风险是这个行业中不可避免的，并且他们为减少这些风险设计了标准流程。吉夫公司已经学会如何检测沙门氏菌并将这些测试纳入他们的流程中。

我们是否已经足够重视我们的历史，以至于我们可以将这种常规测试流程编码化并要求它们按照规定严格执行？

显然，软件不是花生酱。每个软件都有其独特性； Office 的“沙门氏菌”可能与 Windows 无关，反之亦然。但这并不是打鼹鼠的借口。

我们必须变得更好。也许我们无法将“沙门氏菌”测试程序编码成烹饪配方，但可以开始更积极地从错误中吸取教训。

我建议测试人员暂时停止查找 bug，花一些时间进行归纳。当 bug 从某个编码“洞孔”中探出头时，抵制打击它的诱惑，而是认真研究它。你是如何找到它的？是什么让你调查应用程序的这一部分？你是如何注意到这个漏洞并且应用程序中什么行为导致了该 bug 的出现？找到这个 bug 的测试用例是否可以用来找到更多类似的 bug ？你是否可以给其他测试人员提供一些建议来帮助他们发现这样的漏洞？

换句话说，花一部分时间来测试当前你正在尝试发布的产品。用剩余的时间确保自己学会如何更好地测试下一个产品。微软公司内部使用的一种比喻可以帮助我们做到这一点。